U0182063

哈密顿力学理论的形式化
与机器人动力学形式化分析

施智平　王国辉　关　永　王　瑞　著

科学出版社

北京

内 容 简 介

本书系统深入地研究了辛几何理论、哈密顿动力学的公理化体系,并以四自由度串联机器人为例,研究了基于哈密顿动力学系统的形式化分析与验证方法的应用,为机器人动力学的安全设计提供了形式化验证理论和技术手段。全书主要内容包括:哈密顿模型的几何基础——辛流形空间的形式化、哈密顿模型和拉格朗日模型的勒让德映射关系的形式化、哈密顿方程的形式化和机器人动力学的形式化建模与分析。内容涉及交互式定理证明、机器人、形式化验证等人工智能领域。

本书可作为机器定理证明、机器人学、形式化方法、理论计算机科学及软件工程等领域科研人员和工程技术人员的参考书,也可作为高等院校相关专业高年级本科生和研究生的学习用书。

图书在版编目(CIP)数据

哈密顿力学理论的形式化与机器人动力学形式化分析/施智平等著. —北京:科学出版社,2022.9
ISBN 978-7-03-053204-6

Ⅰ. ①哈… Ⅱ. ①施… Ⅲ. ①哈密顿原理 ②机器人–动力学–研究
Ⅳ. ①O316 ②TP24

中国版本图书馆 CIP 数据核字(2022) 第 140717 号

责任编辑: 王 哲 / 责任校对: 胡小洁
责任印制: 吴兆东 / 封面设计: 迷底书装

科 学 出 版 社 出版
北京东黄城根北街 16 号
邮政编码: 100717
http://www.sciencep.com
北京中石油彩色印刷有限责任公司 印刷
科学出版社发行 各地新华书店经销
*
2022 年 9 月第 一 版 开本: 720×1000 1/16
2023 年 9 月第二次印刷 印张: 8 1/2
字数: 170 000
定价: 89.00 元
(如有印装质量问题, 我社负责调换)

序

近年来，人工智能进入高速发展期，对人类生产、生活的各个方面产生了广泛的影响，也正在深刻地改变科学研究的范式。机器定理证明是人工智能的核心技术之一，而构建严谨、完备的形式化数学模型是实现机器定理证明的基础。

形式化数学是用计算机程序语言把数学理论描述为计算机可执行的数理逻辑形式，并在计算机中完成数学定理的证明，形成包含数学理论定义、定理和证明的形式化程序库。形式化数学不仅可以帮助数学家构造证明并检查证明正确性，从而构建更加可靠的数学理论；同时也是构建计算机可以理解和运行的数学知识库，推动人工智能发展的重要基础；并且也是应用机器定理证明方法对安全攸关的计算机系统、航空航天系统等进行正确性验证的基础。

物理系统动力学问题求解有牛顿矢量力学、拉格朗日力学和哈密顿力学三种方法。牛顿方法无法应用于非线性问题和微观量子问题。拉格朗日和哈密顿方法既可解决宏观问题，又可解决微观问题。不同的是，拉格朗日方法是以泛函变分为基础的拉氏密度函数变分来求解态空间（流形的切空间）中的广义坐标和广义速度，基于该方法建立的拉氏方程是一个高次方程，而哈密顿方法是在态空间的对偶空间（余切空间）中求解联立的一次哈密顿方程。在理论推演和系统表达上哈密顿方法更具优势。

该书主要内容包括：哈密顿模型的几何基础——辛流形空间的形式化、哈密顿模型和拉格朗日模型的勒让德映射关系、哈密顿方程的形式化和机器人建模形式化。作者在书中详细阐述了哈密顿力学形式化建模的思想、模型的逻辑结构和实现策略，以 SCARA（Selective Compliance Assembly Robot Arm）四自由度机器人为例示范了机器人动力学形式化分析的应用。希望该书能为相关专业的教师、研究生和科技工作者提供参考。

金声震

2022 年 5 月于北京

前　言

　　动力学是所有与运动和力相关领域的理论基础。传统的动力学验证分析主要基于测试和仿真方法，但是由于测试用例与仿真用例受限，测试和仿真均无法完全覆盖所有可能路径，因此，仅仅依靠这些传统的非完备性验证手段，已经无法满足安全攸关系统的动力学设计对正确性和安全性验证的要求。定理证明的形式化方法作为一种完备的验证手段，通过验证时发现与前提矛盾的隐含条件，克服传统方法难以发现的设计缺陷，提高整个系统的安全性和可靠性质量。

　　以精确和完备性为主要优点的形式化验证方法是安全攸关系统正确性验证的重要手段，并在计算机软硬件验证中取得成功。通过形式化验证技术提升动力学系统的正确性和安全性有重要的理论意义和应用前景。形式化哈密顿动力学是动力学系统形式化安全验证的基础。本书聚焦哈密顿动力学的高阶逻辑形式化理论，构建其定理证明库，研究哈密顿动力学形式化分析方法在机器人动力学验证中的应用，为机器人动力学的安全设计提供形式化验证理论和技术手段。全书共分 6 章。

　　第 1 章，绪论。分析了分析力学、形式化数学、形式化方法的发展与现状，指出了定理证明形式化方法在动力学系统的建模与验证的重要性，并介绍了全书主要内容和贡献。

　　第 2 章，辛几何理论的形式化。辛几何源于经典力学的哈密顿表述，是哈密顿动力学理论的数学分析基础。因此，哈密顿动力学理论的形式化实现，首先应解决辛空间、辛矩阵、辛正则变换和辛群理论的高阶逻辑表达问题。本章基于定理证明器 HOL-Light 中欧氏多维向量空间、矩阵理论和多元函数微积分的形式化描述，结合辛几何基本理论，实现辛向量空间、辛矩阵、辛变换和辛群的形式化高阶逻辑表达及其基本性质的形式化证明，开发辛几何相关理论的高阶逻辑定理证明库。

　　第 3 章，勒让德变换的形式化。勒让德变换是广泛应用于数学和物理学中的共轭变换。在分析力学中，该变换可用于拉格朗日函数与哈密顿函数之间的转换。本章详述了一元函数勒让德变换、多元函数完全勒让德变换和部分勒让德变换的形式化建模工作，证明勒让德变换的性质，并构建一个完整的勒让德变换高阶逻辑定理证明库。

　　第 4 章，哈密顿动力学理论的高阶逻辑形式化。基于勒让德变换形式化模型实现从拉格朗日函数到哈密顿函数的形式化建模，通过不同形式描述的哈密顿函数全微分形式化推导出哈密顿正则方程，基于辛几何理论形式化描述哈密顿力学中重要运算——泊松括号，同时完成泊松定理的形式化证明。

第 5 章，机器人动力学形式化建模与分析。基于哈密顿动力学形式化定理库，本章实现了 SCARA 型四自由度串联机器人能量公式的形式化描述，构建基于高阶逻辑表达的哈密顿函数形式化模型，验证基于哈密达正则方程的串联机器人动力学形式化模型，实现机器人串联机构动力学的形式化建模与验证。

第 6 章，总结与展望。总结全书主要工作，同时对哈密顿力学相关理论定理证明库拓展到统计力学、热力学、量子力学等物理系统形式化分析与建模进行展望。

本书内容来自国家自然科学基金项目（61876111, 61877040, 62002246）、科技部国际合作计划项目（2011DFG13000, 2010DFB10930）的研究成果。作者长期从事形式化理论与机器人安全验证研究，承担了大量国家级、省部级和企业项目（课题），对机器定理证明有深刻理解并在机器人安全验证领域持续实践迭代，本书是对该过程成果的高度凝练与系统总结。

本书付梓之际，特别感谢我们的恩师——著名天文物理学专家金声震研究员在动力学理论方面耐心的教导，没有他的教诲与帮助，就没有本书的面世。感谢美国形式化验证专家宋晓宇教授、加拿大 Concordia 大学 HVG 研究所的 Tahar 教授和刘莉亚博士在我们开始形式化方法研究时给予的帮助和指导。在本书内容研究和写作过程中，中国科学院软件研究所詹乃军研究员、北京大学裘宗燕教授、孙猛教授、南京大学李宣东教授、美国波特兰大学宋晓宇教授、北京航空航天大学佘志坤教授等同行专家给予很多有益的建议和讨论，谨表感谢。科学出版社给予了大力支持，王哲编辑为本书付出了辛勤努力。本书主要工作积累长达八年之久，感谢家人与亲友的理解、支持与提供的不竭动力，使本书得以完成。

本书涉及的理论技术复杂，因作者水平所限，虽已力避不足，仍难免有疏漏之处，恳请读者将意见发至：shizp@cnu.edu.cn，作者不胜感激。

施智平　王国辉　关　永　王　瑞
2022 年春于北京

目　　录

第 1 章 绪　　论

1.1　研　究　意　义

动力学是经典物理学的基石之一，主要研究能量、力以及它们与物体的平衡、变形或运动的关系，同时也是很多数学理论的发源地。动力学问题在自然界和工程实践中无处不在，是许多工程学科的理论基础。诸如，航空航天、机器人、火车、武器等所有与运动和力相关的学科和工业都以动力学为基础[1]。

动力学主要包括牛顿力学、拉格朗日力学和哈密顿力学三个体系。牛顿力学又称矢量力学，求解时需已知所有作用力的大小、方向以及作用点与刚体质心的位置关系，因此很难建模复杂的动力学系统。拉格朗日力学则是将力学体系从以力为基本概念的矢量力学形式，改变为以能量为基本概念的标量分析力学形式，奠定了分析力学的基础，为把力学理论推广应用到物理学其他领域开辟了道路。哈密顿力学研究以"正则变量"描述力学系统的运动规律，该理论体系能够发展出多种变换理论和积分方法，并在其他物理学诸如电磁波、热扩散、量子力学和相对论等重要理论领域均有广泛应用，同时架起了从经典力学到近代物理学的桥梁。

关于动力学问题的研究，通常通过分析、简化、抽象成物理模型，再建立动力学方程，即动力学建模，然后分析动力学方程的解及其性质，最后通过工程实现成为动力学系统。基于以上分析，在设计实现一个经典的动力学系统时，如何保障它的动力学建模、分析求解和设计实现的正确性和可靠性呢？传统的动力学建模与分析方法主要包括纸笔演算、数值计算和计算机代数系统。纸笔演算的方法耗时耗力，容易引入人为错误[2]；计算机数值计算方法指利用计算机软件进行动力学的数值计算，这样的软件包括 Maple、Mathmetica、MATLAB 等，但它们只能给出待解问题的数值解，无法给出问题的内在逻辑性质；计算机代数系统比如 Mathmetica 能够高效进行符号代数运算，但是边界条件、奇异表达简化方面的处理具有缺陷，此外庞大的符号计算程序也不能排除程序漏洞的存在。

机器人是动力学分析与建模的典型应用，动力学分析是机器人设计和控制的中间桥梁，动力学系统的建模与设计的错误可能导致灾难性后果。未来的世界是人机共处的世界，机器人在为人类带来巨大便利的同时也带来了安全隐患。作为能够自主运动的机器，机器人故障引发的事故时有发生。1978 年 9 月，日本广岛一间工厂的切割机器人将一名值班工人当作钢板切割造成惨案[3]；2014 年 1 月，嫦娥三号玉兔月球车因机构控制出现故障而一度进入休眠[4]；2015 年 7 月 1 日，一名 22 岁的技术工在大众汽车包纳塔尔工厂中被一台机器人意外伤害致死[5]；2016 年 11 月 18 日在第十八届中国国际高新技术成果交易会，有一台服务机器人突然发生故障，在没有指令的前提下打砸展台玻璃，导致部分展台破坏，同时有路人受伤[5,6]。2018 年 9 月 10 日上午，芜湖经济开发区内一企业员工在给搬运机器人换刀具时，被突然启动的机器人夹住，虽被救下送医，但因伤势过重，不治身亡。2018 年 12 月 5 日，美国新泽西州的亚马逊仓库一个自动化机器人意外刺穿喷雾罐发生一起防熊喷雾泄漏事故，事故导致有 24 人被送医院救治。机器人安全隐患已经成为机器人特别是人机交互机器人应用普及的巨大障碍。人们开始意识到传统的测试仿真等验证方法已经不能满足安全攸关机器人的正确性、安全性验证要求[7,8]。

传统的动力学验证主要基于测试与仿真方法，由于测试用例与仿真用例受限，测试与仿真方法均无法完全覆盖所有可能验证路径，所以，这些传统的非完备性验证手段已经无法满足安全攸关系统的动力学设计对正确性和安全性的要求。而定理证明形式化验证方法是一种完备的验证手段，可以发现传统方法难于发现的系统缺陷，能够提高整个系统的安全性和鲁棒性验证质量。

以精确和完备性为主要优点的形式化验证方法逐渐成为安全攸关系统正确性验证的重要手段，并在计算机软硬件验证中取得成功[9-11]。近年来，通过形式化验证技术提升机器人的正确性和安全性逐渐成为研究热点[12-14]。一些国际上广泛认可的安全标准如 IEC61508 等将形式化验证作为达到高安全等级的必选项[15]。2011 年，美国国家科学基金会提出未来重点支持与人协作机器人的研究工作，而且如何保障与人协作的安全性是研究重点。2013 年，美国政府发布 *A Roadmap for U.S. Robotics* 的白皮书，提出未来五十年发展重点将从因特网转移到机器人产业[16]，并第一次提出了将形式化验证方法应用于可靠性、安全性高的机器人领域。因此，把动力学的建模和分析求解过程用数理逻辑表示，并进行严格的推理和证明，能够最大限度地确保系统设计的正确性和可靠性。

数学理论的形式化是指用数理逻辑语言描述或建模数学理论，包括数学概念的形式化定义、定理的形式化表示和证明。使用定理证明的基础是数学理论的逻辑表示——形式化数学，国际上主流的定理证明器，如 HOL4[17]、HOL Light[18-20]、Isabella/HOL[21]、COQ[22]、PVS[23,24] 等，均包含了很多基础的数学理论逻辑程序库，比如集合论、实分析、向量代数、矩阵理论等，但是目前还没有与动力学理论相关的公理化体系和定理库，这就严重制约了机器证明在机器人动力系统、导航、自动控制等领域的广泛应用。

建立动力学的形式化理论定理证明库是动力系统形式化建模与分析的基础。基于辛几何理论的哈密顿力学是系统动力学分析的重要工具之一[25]。辛几何理论不仅使求解更方便，而且物理意义清晰明确，在科学研究和工程实践中得到广泛应用。

综上所述，基于形式化数学的定理证明方法在机器人和计算机等安全攸关系统的设计验证中具有重要的理论意义和应用价值。鉴于此，本书聚焦动力学理论的形式化建模和证明理论的研究，设计实现哈密顿动力学的高阶逻辑定理库，为动力学系统的形式化分析与验证提供方法和工具支持。

1.2 研究现状

本书主要研究哈密顿动力学的高阶逻辑形式化及其在机器人动力学系统形式化验证中的应用，因此本节将从分析力学、形式化数学以及机器人形式化验证等几个方面介绍研究发展的历程和现状。

1.2.1 分析力学

分析力学以广义坐标为描述质点系的变量，以最小作用原理为基石，发展了虚位移原理和达朗贝尔原理，运用数学分析方法研究宏观现象中的力学问题。近20年来，又发展出用近代微分几何的观点来研究非平直空间的流形上连续变量和高度非线性力学的原理和方法。它广泛用于结构分析、机器动力学与振动、航天力学、多刚体系统和机器人动力学等工程技术领域，也可推广应用于连续介质力学和相对论力学[26,27]。分析力学是适合于研究宏观现象的力学体系，研究对象是刚体或质点系。它阐述了力学的普遍原理，由这些原理出发导出质点系的基本运动微分方程，并研究这些方程本身以及它们的积分方法。质点系可视为宏观物体组成的力学系统的理想模型，如刚体、弹性体、流体以及它们的综合体都可看作质点系，质点数可由一到无穷。工程上的力学问题大多数是约束的质点系，由于约束方程类型的不同，从而形成了不同的力学系统。分析力学分为拉格朗日力学和哈密顿力学[28,29]。前者以拉格朗日量刻画力学系统，其运动方程称为拉格朗日方程；后者以哈密顿量刻画力学系统，其运动方程为哈密顿正则方程。由拉格朗日和哈密顿所奠基的分析力学是一门已经成熟发展了的学科。和目前兴起的种种新学科相比，它确实显得传统，但由于其可准确、深刻地描述现存物理学的动力学本质，所以其价值还在与日俱增。

拉格朗日是分析力学的创立者，在其名著《分析力学》中，他发展了达朗贝尔和欧拉等人的研究成果，建立起拉格朗日方程，把力学体系的运动方程从以力为基本概念的牛顿形式，转变为以能量为基本概念的分析力学形式[30,31]，为现代动力学理论的发展奠定了基础，也对近代数学和物理学发展起到了巨大的推动作用。利用拉格朗日第一类方程解决系统的动力学问题，与矢量动力学的一般方法一样，尽管建立方程比较容易，但其求解规模很大。拉格朗日第二类方程从独立坐标出发，利用纯数学分析方法，将用独立坐标描述的动力学方程用统一的原理与公式进行表达，克服了在矢量动力学中建立这种方程依赖技巧的缺点，但此时建立的拉格朗日方程是一个多维二阶偏微分方程，求解难度相对较大。同时，方程中的拉格朗日函数表示动能与势能之差，虽具有能量量纲，但却存在物理意义并不明确的不足。

哈密顿体系在多维位置和动量 $(\boldsymbol{p}, \boldsymbol{q})$ 构成的相空间即辛空间中研究完整系统的力学问题，把分析力学推进一步。1843 年，哈密顿推得的用广义坐标和广义动量联合表示的动力学方程，称为正则方程 [32]。哈密顿正则方程将拉格朗日方程由 n 个二阶偏微分方程降阶为 $2n$ 个一阶的偏微分方程，求解规模与难度下降显著。另外，方程中的哈密顿函数表示动能与势能之和，即表示系统的机械能，因此，物理意义更加清晰。1894 年，赫兹提出将约束和系统分成完整的和非完整的两大类，从此开始非完整系统分析力学的研究。经典力学基本定理用辛几何的语言就表示为 "一切哈密顿体系的动力演化都使辛度量保持不变，即都是辛正则变换" [33-35]。1984 年，冯康在微分几何和微分方程国际会议上发表的论文《差分格式与辛几何》[36,37]，首次系统地提出哈密顿方程和哈密顿算法，提出从辛几何内部系统构成算法来研究其性质的途径，从而开创了哈密顿算法这一新领域，这是计算物理、计算力学和计算数学相互结合渗透的前沿领域。

1.2.2   形式化数学

数学以精确的语言和清晰的论证规则著称，被认为是可以自证正确性的科学，但是数学论著中的错误却不在少数 [38]。Lecat 在 1935 年发表的书中用 130 页的篇幅汇集了 1900 年以前主要数学家犯的错误；1879 年发表的四色定理的第一个证明于十年后发现是错误的；Wiles 关于费马大定理的证明被审稿人发现有错误，Wiles 和学生花了一年时间来纠正；1998 年，Hales 关于开普勒猜想的证明长达 300 页和 4 万行计算机代码 (非形式化代码)，数学领域顶级期刊 *Annals of Mathematics* 委托 12 位审稿人用整整 4 年时间审阅证明，最后只给出 99% 可能是正确的结论，主编非常担忧，认为这样的情况会越来越多 [39]。形式化数学通过计算机对数学理论进行形式化描述，可以对数学证明的正确性进行检查和验证，确保数学证明本身的正确性，同时可以建立一个包含数学定义、定理和证明的形式化数学库 [40,41] 作为证明新理论的工作基础。

形式化数学的核心主要包括逻辑语言、证明工具和形式化数学库三部分 [42]。Wiedijk[43] 认为，形式化数学是数学发展历史上的第三次革命。形式化数学可以帮助数学家检查证明的正确性，从而构建更加可靠的数学理论，同时也构建了计算机可以理解的数学知识库。它不仅是机器定理证明的基础，同时也是计算机软硬件系统形式化验证的基础，因此，形式化数学已经成为基础科学的重要研究领域。

形式化数学早期最著名的案例是 1996 年 McCune 使用完全自动定理证明器 EQP 给出了 Robbins 猜想的机器证明[39]。由于完全自动定理证明器的表达能力有限，无法处理实数级别的数学理论，且推理能力不足，无法进行归纳证明。所以，在数学形式化方面，交互式高阶逻辑定理证明器逐渐成为主流。目前国际上适合数学形式化的主流的定理证明器都基于高阶逻辑和类型理论，包括英国剑桥大学开发的 HOL4[17]、HOL Light[18,19]、Isabelle/HOL[21]，法国国家信息与自动化研究所开发的 COQ[22] 和美国航空航天局常用的 PVS[23,24]。以上系统多数基于 Milner 在 1972 年开发的 LCF(Logic for Computable Function) 证明检查器，理论基础来自 Scott 的 *Logic of Computable Function*[44]。这些证明器基于极小的可信核心代码和公理化系统的基本规则，扩展的代码和推理规则必须通过核心代码和规则的证明，这最大限度地保证了系统的可靠性[39]。

Gonthier[45] 于 2005 年在定理证明器 COQ 上完成了著名的四色定理的形式化证明。2012 年 9 月 20 日，Gonthier[46] 宣布他和合作者们用 COQ 完成了奇阶定理的形式化证明。整个证明长达 17 万行形式化代码，包括约 4200 个定义和 15000 个定理。作为证明的基础，他们形式化了很多基础数学库，包括有限群理论、线性代数、Galois 理论和表示理论等。这项工作历时 6 年，是交互定理证明完成的一项里程碑的工作。Hales[47] 为了回应审稿人对其开普勒猜想的证明论文的质疑，决心用形式化方法验证证明，启动了形式化数学的著名项目 "Flyspeck"。这项工作历时超过 10 年。加拿大康考迪亚大学硬件验证研究小组（Hardware Verification Group，HVG）基于高阶逻辑实现了概率分析理论[48]、光学理论与系统[49,50] 等的形式化，并提出了相关系统的形式化验证方法。英国剑桥大学的 Paulson 在 2017 年启动了欧盟地平线 2020 项目 "ALEXANDRIA: Large-Scale Formal Proof for the Working Mathematician"，项目预算 240 万欧元，历时 5 年，主要目标是在 Isabelle/HOL 定理证明器中完成剑桥大学普通本科生所学数学理论的形式化表征和证明[51]。

20 世纪 70 年代，吴文俊院士由中国传统数学中的机械化思想出发，从几何定理证明入手开始数学机械化研究，提出著名的吴方法，为国际数学定理自动推理的研究开辟了新的前景，形成了自动推理与方程求解的中国学派[52]。首都师范大学在国际上率先完成了旋量代数[53-55]、几何代数理论[56,57]、辛向量空间理论[58] 和变分原理[59] 的高阶逻辑形式化定理证明库。

截至 2017 年 8 月 9 日，计算机科学家已完成了著名的数学 100 大定理中的 93 个定理的形式化证明工作[60]，其中 HOL Light 完成了 86 个定理的形式化证明，拔得头筹。

上述成果在证明了形式化数学可行性的同时也表明形式化数学是非常耗时耗

力的工作，从最基本的数学理论开始到数学形式化定理证明的构建过程非常艰辛，现在主流的定理证明器中存在的大量基础数学理论库的开发是花费研究人员大量的时间和精力才完成的。Coquelicot 是 COQ 中的一个实数分析库，涵盖极限、导数和微积分等[61]。Mizar 是计算机检验和处理领域最大的数学知识数据库，包括 1200 多篇论文和 56000 个定理[62,63]。Isabelle 的 Archive of Formal Proofs 开源库包含 300 个项目、8 万个定理、140 万行证明，涵盖了线性代数、向量空间与矩阵、多变量分析、概率论、复数分析、拓扑空间等[64]。HOL Light 内置复数和多变量分析库，包括 12400 个相关定理[63,65]。

形式化数学是数学进一步机械化、智能化发展的必然趋势。令人遗憾的是，虽然形式化数学已经取得较大进展，但是工程数学的形式化工作还相当有限，这个问题严重制约了航空航天、核电控制、智能制造、列车控制和医疗器械等安全攸关系统形式化设计验证工作。因此。开展形式化工程数学的研究工作迫在眉睫。

1.2.3　机器人形式化验证

机器人已成为当前最热的研究和产业方向之一，也是世界各主要国家的战略性发展方向[66]。很多机器人系统是安全攸关系统，机器人系统发生故障或失效可能危及人身、财产和环境安全，造成灾难性的后果。机器人著名期刊 *IEEE Robotics and Automation Magazine* 出版一期机器人形式化验证专刊，提出形式化验证是开发安全机器人系统的有效方法[12]。美国 2013 版机器人白皮书 *A Roadmap for U.S. Robotics: From Internet to Robotics, 2013 Edition* 明确要求：人机交互机器人需用形式化方法进行验证。目前，人机交互的协作机器人系统[67] 已应用于工业、服务和医疗康复等机器人系统中，完成示教编程、外科手术辅助和机器人辅助康复治疗等典型应用场景[68-70]，如图 1.1 所示。

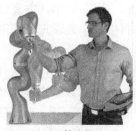

(a) 示教编程　　　　　　(b) 家庭服务　　　　　　(c) 康复训练

图 1.1　人机交互协作机器人典型应用场景

与计算机系统相比，机器人系统不仅具有信息处理能力，还有运动行为能力，而机器人运动行为的安全性与可靠性正是其可用性的关键所在。近年来，形式化验证已被用于帮助开发复杂的机器人系统[12,71]。德国不莱梅大学的 Täubig[14] 等用定理证明方法对自动小车避障及路径规划算法进行验证,并给出改进意见,使得算法的安全性能显著提升。2013 年国际机器人与自动化大会,瑞典皇家理工学院的 Guo[72] 等采用模型检验的方法将机器人运动抽象成有限状态机并将机器人路径规划的重要属性写成线性时序逻辑公式进行验证。卡内基梅隆大学的 Mitsch[73] 等采用混成系统模型、定理证明建模和验证移动机器人的运动以及避障安全属性。2014 年国际机器人与自动化大会,首都师范大学的李黎明 [13] 等完成双臂机器人避碰算法的高阶逻辑形式化建模与验证,发现了算法测试过程中被忽略的问题,提出对算法的优化建议。上述工作增强了人们将定理证明技术引入到工程实践的信心。2017 年,日本国家先进工业科学研究院信息技术研究所 Affeldt[74] 等在 COQ 定理证明器中,实现了旋量、齐次矩阵、罗格里格斯公式等数学理论定理库的构建,完成了 SCARA 串联机器人运动学模型的构建与验证。巴基斯坦伊斯兰堡国立科技大学 Rashid[75] 等采用旋量理论对细胞注射机器人动力学分析进行了形式化验证。

综上所述,目前机器人形式化验证工作主要集中在机器人路径规划、机器人控制算法和运动学模型分析等方面。由于动力学相关理论定理证明库的缺失,基于机器人物理学模型对机器人的动力学进行形式化建模和实际工程应用的案例还屈指可数。

1.3 主要内容和贡献

1.3.1 主要研究内容

本书主要研究哈密顿分析动力学理论的形式化表征和机器证明理论,包括基于辛几何、辛群及勒让德变换理论的哈密顿动力学高阶逻辑表达和机器证明,泊松括号与泊松定理的形式化,并以此为基础完成哈密顿正则方程的形式化验证以及该方法在机器人动力学系统分析方法上的简单应用,如图 1.2 所示。

(1) 辛几何理论的形式化。

一切哈密顿体系的动力演化都使辛度规保持不变,即所有哈密顿体系都是辛正则变换。哈密顿量在辛流形上导出一个特殊的矢量场,称为辛矢量场。所以哈密顿力学可以使用辛空间来表述。辛空间、辛矩阵、辛群的形式化是哈密顿方程形式化的理论基础。哈密顿原理是物理学的一条基本原理,是以变分为基础的物理学建模准则。哈密顿原理常用来建立连续质量分布和连续刚度分布系统的动力学模型。本书基于定理证明系统 HOL-Light 中拓扑空间、度量空间、多元函数微积分、泛函极值的形式化描述,实现辛空间、辛矩阵、辛正则变换和辛群的形式化高阶逻辑表达,开发相应的定理证明库。

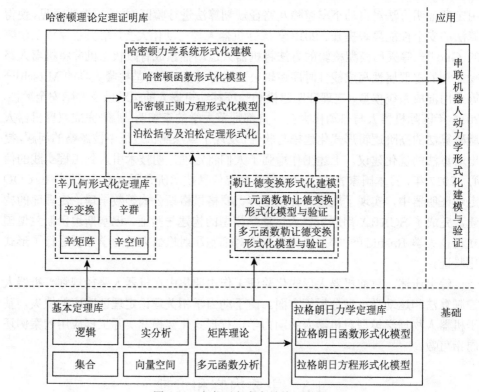

图 1.2   本书研究内容结构示意图

(2) 勒让德变换的形式化。

勒让德变换是广泛应用于数学和物理学中的变换方法之一。在数学上,该变换可以把一组独立变量的函数转换为其共轭变量的另一种函数,一个矢量域函数空间转换为与其共轭的矢量域函数空间,且这两种函数具有相同的单位。在物理学中,勒让德变换可用于描述一种能量形式之间的变换。本书在定理证明系统 HOL-Light 中实现了一元函数勒让德变换、多元函数完全勒让德变换和多元函数部分勒让德变换的形式化描述。

(3) 哈密顿动力学理论的高阶逻辑形式化。

哈密顿动力学理论的高阶逻辑形式化是整个工作的重点。哈密顿动力学理论的关键一方面体现在分析力学基本理论哈密顿函数的高阶逻辑表达,另一方面体现在哈密顿正则方程的形式化。该部分内容的形式化描述需要辛空间、辛变换与辛群理论的形式化和勒让德变换理论形式化的共同支撑。泊松括号是哈密顿力学中重要的运算,在哈密顿表述的动力系统中,时间演化的定义扮演着中心角色。泊松定理不仅给出了哈密顿力学新的表达形式,而且还可以利用它获得求解哈密顿力学方程的新方法。因此，该部分研究内容还包含对泊松括号的形式化定义和泊松括号性质的形式化描述、最后完成泊松定理的形式化证明。

(4) 基于哈密顿动力学理论的串联机器人动力学形式化建模与验证。

首先，实现 SCARA 串联机器人能量公式的逻辑化表达；其次，完成 SCARA 串联机器人动力学模型转换为高阶逻辑表达；最后，基于上述研究获得的哈密顿正则方程的形式化模型，在 HOL-Light 定理证明器中完成 SCARA 串联机器人动力学系统哈密顿动力学理论的形式化推理与证明。通过该方法可以提高机器人的安全性与可靠性，为机器人的安全设计提供理论和技术保障。

1.3.2 主要贡献

(1) 根据定理证明器 HOL-Light 中欧氏多维向量空间和矩阵理论的形式化描述，结合辛几何基本理论提出辛向量空间、辛变换、辛矩阵和辛群的形式化高阶逻辑表达及其基本性质的形式化证明，开发辛几何相关理论的高阶逻辑定理证明库。该定理证明库的开发可为辛流形上向量场分析提供支撑。

(2) 完成一元函数勒让德变换、多元函数完全勒让德变换和多元函数部分勒让德变换的形式化建模，并通过高阶逻辑推导证明勒让德变换的属性，构建一个完整的勒让德变换高阶逻辑定理证明库，为勒让德变换在数学定理的推导和物理学模型验证上的应用提供支撑。

(3) 应用勒让德变换实现从拉格朗日函数到哈密顿函数的形式化模型变换。通过哈密顿函数，形式化推导出哈密顿正则方程。完成对泊松括号的形式化定义和泊松括号性质的形式化证明。实现对泊松定理的形式化建模和高阶逻辑定理证明。

(4) 针对机器人动力学分析的难点，即机器人机构的动力学模型，利用哈密顿原理和哈密顿动力学正则方程相关性质，提出基于哈密顿动力学理论对串联机器人动力学形式化建模、分析与验证的理论和方法，为安全攸关机器人动力学设计的正确性和安全性提供可靠的验证方法，填补基于哈密顿力学形式化分析理论的空白。

1.4 本书组织结构

为实现哈密顿力学相关理论形式化描述，同时完成 SCARA 串联机器人动力学模型的形式化建模与证明，本书对哈密顿力学相关理论进行了系统的形式化建模工作。首先，从辛内积的定义出发，对辛向量的运算性质进行形式化，完成了对辛几何相关性质的形式化证明，开发了辛几何高阶逻辑定理证明库。然后，通过勒让德变换理论对哈密顿函数进行形式化描述，推导出哈密顿正则方程。同时，形式化定义泊松括号及证明其运算性质，进而形式化描述可以用于简化哈密顿正则

方程的泊松定理。最后，通过对 SCARA 串联机器人动力学模型的形式化建模与
证明，探索基于哈密顿力学相关理论对工程问题进行形式化建模与分析方法。本
书共分 6 章，具体结构如下。

第 1 章为绪论部分，主要阐述了研究背景、目标及意义。结合人机交互机器
人领域的应用背景，分析了分析力学、形式化数学、形式化方法在机器人动力学
建模与分析上的发展与现状，指出了定理证明形式化方法在动力学系统的建模与
验证的必要性，并阐述了主要研究内容和贡献。

第 2 章辛几何与辛群的形式化，哈密顿量是构建在辛流形上的辛向量场，本
章建立包括辛向量空间、辛矩阵、辛群和辛正则变换的形式化描述及其基本性质
的形式化证明，为哈密顿力学系统形式化描述提供必要的理论基础。

第 3 章勒让德变换的形式化，在分析力学中，勒让德变换可以实现力学系统
广义速度和广义动量之间的变换，进而完成拉格朗日函数和哈密顿函数之间转换。
本章构建一个完整的勒让德变换高阶逻辑定理证明库，为哈密顿力学系统形式化
验证提供支撑。

第 4 章哈密顿力学系统形式化，首先，实现用勒让德变换完成动力学系统的
拉格朗日函数到哈密顿函数到变换。其次，根据拉格朗日量和哈密顿量的结构特
征，在定理证明器中构建一个全新的维度类型。再次，完成分析力学的哈密顿正
则方程的形式化描述。最后，为便于推导基于高阶逻辑推导哈密顿正则方程的解，
对泊松括号和泊松定理进行形式化描述与验证。

第 5 章串联机器人哈密顿动力学方程形式化建模，首先基于对 SCARA 串联
机器人进行分析，实现对该型机器人关节动能、势能的形式化描述。从而获得串
联机器人哈密顿函数的形式化模型。最后基于哈密顿力学定理证明库对该机器人
机构动力学模型进行形式化分析与验证。

第 6 章总结与展望，总结本书主要工作，同时对哈密顿力学相关理论定理证
明库拓展到统计力学、热力学、量子力学等物理系统形式化分析与建模进行展望。

1.5   交互式定理证明器 HOL Light

交互式定理证明器 HOL-Light 是 HOL 家族中的重要成员之一 [18]。HOL-
Light 系统是基于高阶逻辑的，即变量可以表示函数和谓词。任何符合 HOL-Light
系统语法的符号都是通过项来表示。HOL-Light 系统中总共定义了常量、变量、函
数和 λ-抽象四种不同类型的项。每一个项都需要给定类型，HOL-Light 系统基于
Ocaml 编译平台构建了类型检查机制，如果系统不能推导出该项的类型，则该项
构造失败。

HOL-Light 系统是基于简单类型的定理证明器，但用户可以利用 HOL-Light

系统内部的类型构造器来构造更加丰富的数据类型。在 HOL-Light 系统中，定义和定理一般由一组类型匹配且通过系统推导证明的项构成。所有项都有特定的逻辑符号，为了能够让用户更好地理解，所有的符号尽量模仿通用的逻辑符号。同时用符号 "⊢" 作为被 HOL-Light 系统证明通过定理的前导符号。表 1.1 中给出了经典逻辑符号与 HOL-Light 工具中逻辑符号对照。书中的定义和定理也将使用这些逻辑符号来直接描述。

表 1.1 经典逻辑符号与 HOL Light 工具中逻辑符号对照表

经典逻辑符号	HOL 符号	符号意义
∀	!	全称量词
∃	?	存在量词
∧	/\	逻辑与
∨	\/	逻辑或
/	~	逻辑非
⇒	==>	蕴含
⇔	<=>	等价
λ	\	抽象

此外，HOL-Light 系统中存在前向证明法和目标制导法两种定理推导证明方法。在实际定理证明过程中通常采用目标制导方法，即从需要证明的目标出发，假定结论正确，利用已知条件和公理、定理、定义等推出需要证明的子目标。如果所有子目标得到证明，则原始目标也得到证明。目标制导方法的证明过程等同于定理证明的分析过程。在 HOL-Light 系统中，定义了重写、关联交换、线性运算、重言式检查、归纳定义和自由递归等推理规则。在此基础上还建立了丰富的自动推理对策来降低定理证明过程的复杂性，可以在用户引导下使用恰当的对策简化当前的子目标。当用户可以熟练使用系统以后，还可以编写适用于各种具体情况的对策。

参 考 文 献

[1] 陈滨. 分析动力学. 北京：北京大学出版社, 2012.
[2] 杨秀梅, 关永, 施智平, 等. 函数矩阵及其微积分的高阶逻辑形式化. 计算机科学, 2016, 43(11): 24-29.
[3] 任晓明, 王东浩. 机器人的当代发展及其伦理问题初探. 自然辩证法研究, 2013, 29(6): 113-118.
[4] 刘福才, 刘林, 李倩, 等. 重力对空间机构运动行为影响研究综述. 载人航天, 2017, 23(6): 790-797.
[5] 张晓. 网络社会治理的四个维度. 中国行政管理, 2017, (9): 32-34.

[6] 李政权. 人工智能时代的法律责任理论审思——以智能机器人为切入点. 大连理工大学学报 (社会科学版), 2019, 40(5): 78-87.

[7] D'Silva V, Kroening D, Weissenbacher G. A survey of automated techniques for formal software verification. IEEE Transactions on Computer-Aided Design of Integrated Circuits and Systems, 2008, 27(7): 1165-1178.

[8] Liu K, Kong W, Hou G, et al. A survey of formal techniques for hardware/software co-verification//Proceedings of the 7th International Congress on Advanced Applied Informatics, Tottori, 2018.

[9] Alur R, Henzinger T A, Pei-Hsin H. Automatic symbolic verification of embedded systems. IEEE Transactions on Software Engineering, 1996, 22(3): 181-201.

[10] Kern C, Greenstreet M R. Formal verification in hardware design: A survey. ACM Transactions on Design Automation of Electronic Systems, 1999, 4(2): 123-193.

[11] Zaki M, Tahar S, Bois G, et al. Formal verification of analog and mixed signal designs: A survey. Microelectronics Journal, 2008, 39: 1395-1404.

[12] Kress-Gazit H. Robot challenges: Toward development of verification and synthesis techniques. IEEE Robotics & Automation Magazine, 2011, 18: 22-23.

[13] Li L, Shi Z, Guan Y, et al. Formal verification of a collision-free algorithm of dual-arm robot in HOL4 //Proceedings of 2014 IEEE International Conference on Robotics and Automation, Hongkong, 2014.

[14] Täubig H, Frese U, Hertzberg C, et al. Guaranteeing functional safety: Design for provability and computer-aided verification. Autonomous Robots, 2012, 32: 303-331.

[15] Brown S. Overview of IEC 61508 design of electrical/electronic/programmable electronic safety-related systems. Computing & Control Engineering Journal, 2000, 11(1): 6-12.

[16] Robotics in the United States of America. A Roadmap for U.S. Robotics: From Internet to Robotics. https://www.robotics- today.com/publications/a-roadmap-for-us-robotics-3120, 2013.

[17] Slind K, Norrish M. A brief overview of HOL4//Proceedings of the 21st International Conference on Theorem Proving in Higher Order Logics, Montreal, 2008.

[18] Harrison J. HOL Light: An overview//Proceedings of the 22nd International Conference on Theorem Proving in Higher Order Logics, Munich, 2009.

[19] Harrison J. Handbook of Practical Logic and Automated Reasoning. London: Cambridge University Press, 2009.

[20] Taqdees S H, Hasan O. Formalization of Laplace transform using the multivariable calculus theory of HOL-Light//Proceedings of the 19th International Conference on Logic for Programming Artificial Intelligence and Reasoning, Stellenbosch, 2013.

[21] Nipkow T, Wenzel M, Paulson L C, et al. Isabelle/HOL: A Proof Assistant for Higher-Order Logic. Heidelberg: Springer, 2002.

[22] Letouzey P. A new extraction for Coq//Proceedings of 2002 International Workshop on Types for Proofs and Programs, Berg en Dal, 2002.

[23]   Owre S, Rushby J M, Shankar N. PVS: A prototype verification system//Proceedings of the 11th International Conference on Automated Deduction, New York, 1992.

[24]   Aguado F, Ascariz P, Cabalar P, et al. Verification for ASP denotational semantics: A case study using the PVS theorem prover. Logic Journal of the IGPL, 2017, 25(2): 195-213.

[25]   Guillemin V, Miranda E, Pires A R, et al. Symplectic and Poisson geometry on b-manifolds. Advances in Mathematics, 2014, 264: 864-896.

[26]   Nedjah N, Silva J L. Review of methodologies and tasks in swarm robotics towards standardization. Swarm and Evolutionary Computation, 2019, 50: 100565.

[27]   Brandao J C, Lessa M A, Motta-Ribeiro G, et al. Global and regional respiratory mechanics during robotic-assisted laparoscopic surgery: A randomized study. Anesthesia and Analgesia, 2019, 129(6): 1564-1573.

[28]   关立言. 物理学召唤数学. 开封大学学报, 1995, (3): 51-54.

[29]   朱加贵, 刘启华, 孙其珩, 等. 力学发展的回顾与前瞻. 南京工业大学学报 (社会科学版), 2004, (1): 73-78.

[30]   尚玫. 高等动力学. 北京：机械工业出版社, 2013.

[31]   Caparrini S, Fraser C. The Oxford Handbook of the History of Physics: Mechanics in the Eighteenth Century. London: Oxford Handbooks Online, 2017.

[32]   武青. 理论力学. 北京：清华大学出版社, 2014.

[33]   杨红卫, 钟万勰, 侯碧辉, 等. 力学、热力学及电磁波导中的正则变换和辛描述. 物理学报, 2010, 59(7): 4437-4441.

[34]   Silva A. Lectures on Symplectic Geometry. Heidelberg: Springer, 2001.

[35]   邹异明. 辛几何引论. 北京：科学出版社, 2016.

[36]   罗恩, 黄伟江, 张贺忻, 等. 相空间非传统 Hamilton 型变分原理与辛算法. 中国科学 (A 辑), 2002, (12): 1119-1126.

[37]   冯康. 哈密尔顿系统的辛几何算法. 杭州：浙江科学技术出版社, 2003.

[38]   Awodey S, Álvaro P, Warren M. Voevodsky's univalence axiom in homotopy type theory. Notices of the American Mathematical Society, 2013, 60(9): 1164-1167.

[39]   Avigad J, Harrison J. Formally verified mathematics. Communications of the ACM, 2014, 57(4): 66-75.

[40]   陈钢, 于林宇, 裘宗燕, 等. 基于逻辑的形式化验证方法：进展及应用. 北京大学学报 (自然科学版), 2016, 52(2): 363-373.

[41]   Shi Z, Zhang Y, Liu Z, et al. Formalization of matrix theory in HOL4. Advances in Mechanical Engineering, 2014, 6: 195276.

[42]   陈钢. 形式化数学和证明工程. 中国计算机学会通讯, 2016, (9): 40-44.

[43]   Wiedijk F. Formal proof: Getting started. Notices of the American Mathematical Society, 2008, 55(11): 1408-1414.

[44]   Harrison J, Urban J, Wiedijk F, et al. History of interactive theorem proving. Handbook of the History of Logic, 2014, 9(2): 135-214.

[45] Gonthier G. Formal proof: The four-color theorem. Notices of the AMS, 2008, 55(11): 1382-1393.

[46] Gonthier G, Asperti A, Avigad J, et al. A machine-checked proof of the odd order theorem//Proceedings of the 4th International Conference on Interactive Theorem Proving, Rennes, 2013.

[47] Hales T, Adams M, Bauer G, et al. A formal proof of the Kepler conjecture. Mathematics, 2015, 16(3): 47-58.

[48] Mhamdi T, Hasan O, Tahar S, et al. Formalization of measure theory and Lebesgue integration for probabilistic analysis in HOL. ACM Transactions on Embedded Computing Systems, 2013, 12(1): 1-23.

[49] Khan-Afshar S, Siddique U, Mahmoud M, et al. Formal analysis of optical systems. Mathematics in Computer Science, 2014, 8(1): 39-70.

[50] Beillahi S M, Mahmoud M Y, Tahar S, et al. A modeling and verification framework for optical quantum circuits. Formal Aspects of Computing, 2019, 31(3): 321-351.

[51] Paulson L C, Nipkow T, Wenzel M, et al. From LCF to Isabelle/HOL. Formal Aspects of Computing, 2019, 31(6): 675-698.

[52] 吴文俊. 数学机械化. 北京：科学出版社, 2003.

[53] Wu A, Shi Z, Li Y, et al. Formal kinematic analysis of a general 6R manipulator using the screw theory. Mathematical Problems in Engineering, 2015, 2015: 549797.

[54] Wu A, Shi Z, Yang X, et al. Formalization and analysis of Jacobian matrix in screw theory and its application in kinematic singularity//Proceedings of 2017 IEEE/RSJ International Conference on Intelligent Robots and Systems, Vancouver, 2017.

[55] Shi Z, Wu A, Yang X, et al. Formal analysis of the kinematic Jacobian in screw theory. Formal Aspects of Computing, 2018, 30(6): 739-757.

[56] Ma S, Shi Z, Shao Z, et al. Higher-order logic formalization of conformal geometric algebra and its application in verifying a robotic manipulation algorithm. Advances in Applied Clifford Algebras, 2016, 26(4): 1305-1330.

[57] Li L, Shi Z, Guan Y, et al. Formalization of geometric algebra in HOL Light. Journal of Automated Reasoning, 2019, 63: 787-808.

[58] Wang G, Guan Y, Shi Z, et al. Formalization of symplectic geometry in HOL-Light//Proceedings of the 20th International Conference on Formal Engineering Methods, Gold Coast, 2018.

[59] Zhang J, Wang G, Shi Z, et al. Formalization of functional variation in HOL Light. Journal of Logical and Algebraic Methods in Programming, 2019, 106(8): 29-38.

[60] Radboud University. Formalizing 100 Theorems. http://www.cs.ru.nl/freek/100/, 2021.

[61] Boldo S, Lelay C, Melquiond G, et al. Coquelicot: A user-friendly library of real analysis for Coq. Mathematics in Computer Science, 2015, 9(1): 41-64.

[62] Urban J, Vyskočil J. Theorem proving in large formal mathematics as an emerging AI field. Automated Reasoning and Mathematics, 2013, 7788: 240-257.

[63] Alemi A A, Chollet F, Een N, et al. DeepMath: Deep sequence models for premise selection//Proceedings of the 30th International Conference on Neural Information Processing Systems, New York, 2016.

[64] Blanchette J C, Haslbeck M, Matichuk D, et al. Mining the archive of formal proofs// Proceedings of 2015 International Conference on Intelligent Computer Mathematics, Washington DC, 2015.

[65] Boldo S, Lelay C, Melquiond G, et al. Formalization of real analysis: A survey of proof assistants and libraries. Mathematical Structures in Computer Science, 2016, 26(7): 1196-1233.

[66] 工信部装 (2013)511 号. 关于推进工业机器人产业发展的指导意见. 北京: 工业和信息化部, 2013.

[67] International Organization for Standardization (ISO). Robots and Robotic Devices-Collaborative Robots. https://www.iso.org/standard/62996.html, 2016.

[68] Su H, Sandoval J, Vieyres P, et al. Safety-enhanced collaborative framework for tele-operated minimally invasive surgery using a 7-DoF torque-controlled robot. International Journal of Control Automation and Systems, 2018, 16(6): 2915-2923.

[69] Jercic P, Hagelback J, Lindley C, et al. An affective serious game for collaboration between humans and robots. Entertainment Computing, 2019, 32: 100319.

[70] Cong Y, Fan B, Hou D, et al. Novel event analysis for human-machine collaborative underwater exploration. Pattern Recognition, 2019, 96: 106967.

[71] Luckcuck M, Farrell M, Dennis L A, et al. Formal specification and verification of autonomous robotic systems: A survey. ACM Computing Surveys, 2019, 52(5): 1-32.

[72] Guo M, Johansson K, Dimarogonas D, et al. Revising motion planning under linear temporal logic specifications in partially known workspaces//Proceedings of 2013 IEEE International Conference on Robotics and Automation, Karlsruhe, 2013.

[73] Mitsch S, Ghorbal K, Platzer A, et al. On provably safe obstacle avoidance for autonomous robotic ground vehicles//Proceedings of 2013 Robotics: Science and Systems, Berlin, 2013.

[74] Affeldt R, Cohen C. Formal Foundations of 3D geometry to model robot manipulators//Proceedings of the 6th ACM SIGPLAN Conference on Certified Programs and Proofs, New York, 2017.

[75] Rashid A, Hasan O. Formal analysis of robotic cell injection systems using theorem proving//Proceedings of the 7th International Workshop on Design, Modeling and Evaluation of Cyber Physical Systems, Seoul, 2017.

第 2 章　辛几何形式化

辛几何是一种经典的数学理论，是数学中几何领域的重要分支[1,2]。与代数几何、微分几何不同点在于，它是研究辛流形的几何与拓扑性质的学科。它的起源与物理学中的经典力学关系密切，同时也与数学中的代数几何、数学物理、几何拓扑等领域有很重要的联系。辛几何最初是哈密顿在研究牛顿力学，引入了广义坐标和广义动量来表示系统能量的哈密顿函数时，基于几何的解析力学公式中提出的。一切守恒的物理过程都可以表示成为哈密顿体系，而哈密顿体系描述的本质是辛几何。研究哈密顿力学离不开辛几何，为了在高阶逻辑定理证明工具 HOL-Light 中形式化建模哈密顿力学体系，需要首先对辛几何理论形式化[3]。

在本章中，首先对比分析辛空间与欧氏空间的异同点，在定理证明器 HOL-Light 中形式化定义辛内积并证明辛空间的主要性质；其次阐述辛变换矩阵的形式化定义，并完成辛变换矩阵相关性质的高阶逻辑证明；然后建立辛群的形式化模型，阐述辛群的高阶逻辑证明策略；在此基础上实现辛几何高阶逻辑定理库的构建，具体框架如图 2.1 所示。

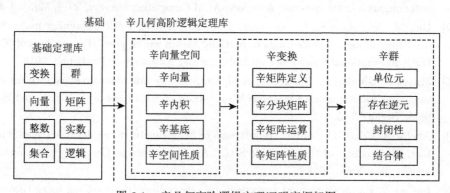

图 2.1　辛几何高阶逻辑定理证明库框架图

2.1　辛向量空间的形式化

设 ω 是空间 $\mathbb{V}^{2n}$ 上的一个反对称 2-形式，若 $\mathbb{V}^{2n}$ 内任意两个元素 x,y 均存在 $\omega(x,y)=0$ 成立，则称 ω 为 $\mathbb{V}^{2n}$ 上的一个辛形式，$(\mathbb{V}^{2n},\omega)$ 称为辛空间[1,4]，公理化概念描述如下：

已知 $\mathbb{V}^{2n} = \{(x_1, x_2, \cdots, x_{2n}) \mid x_i \in \mathbb{V}, i = 1, 2, \cdots, 2n\}$ 是属于数域 $\mathbb{V}$ 上的 $2n$ 维向量，且

$$\omega : \mathbb{V}^{2n} \times \mathbb{V}^{2n} \to \mathbb{V}$$

$$(\boldsymbol{x}, \boldsymbol{y}) \mapsto \omega(\boldsymbol{x}, \boldsymbol{y}) \in V, \quad \forall \boldsymbol{x} \; \boldsymbol{y} \in \mathbb{V}^{2n}$$

ω 是 $\mathbb{V}^{2n}$ 上的非退化的双线性型，称 $(\mathbb{V}^{2n}, \omega)$ 称为辛空间，若 $\boldsymbol{x}, \boldsymbol{y} \in \mathbb{V}^{2n}$，有 $\omega(\boldsymbol{x}, \boldsymbol{y}) = -\omega(\boldsymbol{y}, \boldsymbol{x})$。可见，辛空间的基本元素为 $2n$ 维向量，本节主要阐述基于抽象向量概念的辛向量空间高阶逻辑形式化建模。

2.1.1 辛空间与欧氏空间的异同

与度规表示长度的欧氏空间理论不同，辛空间 [5] 是一种以面积为度规的线性空间理论。欧氏空间中内积是两个 n 维向量标量积，具有对称性。而辛空间的内积是由两个 $2n$ 维向量构成的具有反对称性的数量积。欧氏空间无消去性质，即内积大于等于零；辛空间满足消去性质，即辛内积恒等于零。它们同时均满足双线性、反对称性、非退化性等性质。具体的异同之处如表 2.1 所示。正是因为辛空间具有这些几何性质，所以它能统一地、完整地描述刚体移动和旋转两种完全不同的运动特征，这正是欧氏几何所不具备的。

表 2.1 辛空间与欧氏空间异同点

性质	辛空间	欧氏空间
元素	$\mathbb{R}^{2n}$ $\boldsymbol{x} = (x_1, x_2, \cdots, x_n; x_{n+1}, x_{n+2}, \cdots, x_{2n})$	$\mathbb{R}^n$ $\boldsymbol{x} = (x_1, x_2, \cdots, x_n)$
内积	$[\boldsymbol{x}, \boldsymbol{y}] = \sum\limits_{i=1}^{n} (x_i \, y_{n+i} - x_{n+i} \, y_i)$	$(\boldsymbol{x}, \boldsymbol{y}) = \sum\limits_{i=1}^{n} x_i \, y_i$
双线性	是	是
对称性	$[\boldsymbol{x}, \boldsymbol{y}] = -[\boldsymbol{y}, \boldsymbol{x}]$	$(\boldsymbol{x}, \boldsymbol{y}) = (\boldsymbol{y}, \boldsymbol{x})$
非退化性	是	是
消去性质	是	否
	$[\boldsymbol{x}, \boldsymbol{x}] = 0$	$(\boldsymbol{x}, \boldsymbol{x}) = |x| \geqslant 0$
度规	面积	长度

早在 2013 年，Harrison [6,7] 等在 HOL-Light 交互式定理证明器中完成了对于欧氏向量空间相关理论的形式化建模与定理库的构建工作。但在 HOL-Light 中辛空间相关理论的形式化建模与定理库构建一直未有进展。

2.1.2 辛内积形式化定义与性质形式化证明

在定理证明器 HOL-Light 中，一个 n 维实向量 $\mathbb{R}^n$ 通常用元素为实数的矩阵中的一列来表示，从而使得对向量的操作可以用矩阵的操作来完成。与欧氏空间中的基本元素向量 $\mathbb{R}^n$ 相比，辛空间中的基本元素用具有偶数维度的 $\mathbb{R}^{2n}$ 来描述。在 HOL-Light 系统 "CART" 理论库中定义有 "(A, B)finite_sum" 表示 "$A + B$"

维向量类型，故可用 ": real$^\wedge(N, N)$finite_sum" 表示偶数维辛向量 $\mathbb{R}^{2n}$。"$A+B$"
维向量的构造与析构函数如表 2.2 所示。

表 2.2　"$A+B$" 维向量构造与析构函数

名称	类型	用途
pastecart	$A^{\wedge M} \to A^{\wedge N} \to A^{\wedge (M,N)\text{finite\_sum}}$	构造
fstcart	$A^{\wedge (M,N)\text{finite\_sum}} \to A^{\wedge M}$	析构
snfcart	$A^{\wedge (M,N)\text{finite\_sum}} \to A^{\wedge N}$	析构

辛内积是定义在向量空间 $\mathbb{R}^{2n}$ 上的一个反对称 2-形式，由表 2.1 可知，辛内
积的定义如下

$$[\boldsymbol{x}, \boldsymbol{y}] = \sum_{i=1}^{n} (x_i y_{n+i} - x_{n+i} y_i) \tag{2.1}$$

因此，辛内积形式化描述见定义 2.1。函数 sym_dot 表示辛内积运算，该运
算的输入变量 $\boldsymbol{x}$，$\boldsymbol{y}$ 是两个 $2n$ 维实向量，函数返回值是一个实数值，即辛内积。
本书中，设置 sym_dot 为中缀运算符，即 sym_dot $\boldsymbol{x}\,\boldsymbol{y} = \boldsymbol{x}$ sym_dot $\boldsymbol{y}$。

定义 2.1(sym_dot)　辛内积形式化定义

```
let sym_dot = new_definition
    `x:real^(N,N)finite_sum sym_dot y:real^(N,N)finite_sum =
    sum(1..dimindex(:N))
    (\i.(fstcart x$i * sndcart y$i-sndcart x$i * fstcart y$i))`;;
```

其中，符号 "$*$" 是实数相乘操作符；"sum" 表示向量中元素的加和操作。

表 2.3 中列举了一些被高阶逻辑推导验证的辛内积基本运算性质。主要包括
辛内积的加法、减法、乘积、取反等运算性质的定理。这些性质的形式化证明对
基于辛内积构建的形式化模型化简非常实用，可降低模型推导验证的时间开销。

表 2.3 中列出的性质定理证明策略基本相同，均可基于重写对策用定义 2.1 重
写目标，结合 "CART" 理论库中 "$A+B$" 维向量相关定义、性质定理化简目标，
用自动解算对策得证。

表 2.3　辛内积重要运算性质形式化描述

性质名称	形式化描述	数学含义
SYM_DOT_LADD	$\vdash \forall \boldsymbol{x}\,\boldsymbol{y}\,\boldsymbol{z}.\,(\boldsymbol{x}+\boldsymbol{y})$ sym_dot $\boldsymbol{z} =$ $\boldsymbol{x}$ sym_dot $\boldsymbol{z} + \boldsymbol{y}$ sym_dot $\boldsymbol{z}$	$[(\boldsymbol{x}+\boldsymbol{y}), \boldsymbol{z}] = [\boldsymbol{x}, \boldsymbol{z}] + [\boldsymbol{y}, \boldsymbol{z}]$
SYM_DOT_RADD	$\vdash \forall \boldsymbol{x}\,\boldsymbol{y}\,\boldsymbol{z}.\,\boldsymbol{x}$ sym_dot $(\boldsymbol{y}+\boldsymbol{z}) =$ $\boldsymbol{x}$ sym_dot $\boldsymbol{y} + \boldsymbol{x}$ sym_dot $\boldsymbol{z}$	$[\boldsymbol{x}, (\boldsymbol{y}+\boldsymbol{z})] = [\boldsymbol{x}, \boldsymbol{y}] + [\boldsymbol{x}, \boldsymbol{z}]$
SYM_DOT_LSUB	$\vdash \forall \boldsymbol{x}\,\boldsymbol{y}\,\boldsymbol{z}.\,(\boldsymbol{x}-\boldsymbol{y})$ sym_dot $\boldsymbol{z} =$ $\boldsymbol{x}$ sym_dot $\boldsymbol{z} - \boldsymbol{y}$ sym_dot $\boldsymbol{z}$	$[(\boldsymbol{x}-\boldsymbol{y}), \boldsymbol{z}] = [\boldsymbol{x}, \boldsymbol{z}] - [\boldsymbol{y}, \boldsymbol{z}]$

续表

性质名称	形式化描述	数学含义
SYM_DOT_RSUB	$\vdash \forall \boldsymbol{x}\,\boldsymbol{y}\,\boldsymbol{z}.\ \boldsymbol{x}\,\text{sym\_dot}\,(\boldsymbol{y}-\boldsymbol{z}) =$ $\boldsymbol{x}\,\text{sym\_dot}\,\boldsymbol{y} - \boldsymbol{x}\,\text{sym\_dot}\,\boldsymbol{z}$	$[\boldsymbol{x},(\boldsymbol{y}-\boldsymbol{z})] = [\boldsymbol{x},\boldsymbol{y}] - [\boldsymbol{x},\boldsymbol{z}]$
SYM_DOT_LMUL	$\vdash \forall c\,\boldsymbol{x}\,\boldsymbol{y}.\ (c\ \%\ \boldsymbol{x})\,\text{sym\_dot}\,\boldsymbol{y} =$ $c * (\boldsymbol{x}\,\text{sym\_dot}\,\boldsymbol{y})$	$[c\times\boldsymbol{x},\boldsymbol{y}] = c\times[\boldsymbol{x},\boldsymbol{y}]$
SYM_DOT_RMUL	$\vdash \forall c\,\boldsymbol{x}\,\boldsymbol{y}.\ \boldsymbol{x}\,\text{sym\_dot}\,(c\ \%\ \boldsymbol{y}) =$ $c * (\boldsymbol{x}\,\text{sym\_dot}\,\boldsymbol{y})$	$[\boldsymbol{x},c\times\boldsymbol{y}] = c\times[\boldsymbol{x},\boldsymbol{y}]$
SYM_DOT_LNEG	$\vdash \forall \boldsymbol{x}\,\boldsymbol{y}.\ (--\boldsymbol{x})\,\text{sym\_dot}\,\boldsymbol{y} =$ $-(\boldsymbol{x}\,\text{sym\_dot}\,\boldsymbol{y})$	$[-\boldsymbol{x},\boldsymbol{y}] = -[\boldsymbol{x},\boldsymbol{y}]$
SYM_DOT_RNEG	$\vdash \forall \boldsymbol{x}\,\boldsymbol{y}.\ \boldsymbol{x}\,\text{sym\_dot}\,(--\boldsymbol{y}) =$ $-(\boldsymbol{x}\,\text{sym\_dot}\,\boldsymbol{y})$	$[\boldsymbol{x},-\boldsymbol{y}] = -[\boldsymbol{x},\boldsymbol{y}]$
SYM_DOT_LZERO	$\vdash \forall \boldsymbol{x}.\ (\text{vec}\ 0)\,\text{sym\_dot}\,\boldsymbol{x} = \&0$	$[0,\boldsymbol{x}] = 0$
SYM_DOT_RZERO	$\vdash \forall \boldsymbol{x}.\ \boldsymbol{x}\,\text{sym\_dot}\,(\text{vec}\ 0) = \&0$	$[\boldsymbol{x},0] = 0$
SYM_DOT_LREQ_EQ0	$\vdash \forall \boldsymbol{x}\,\boldsymbol{y}.\ \boldsymbol{x}=\boldsymbol{y} \Rightarrow$ $\boldsymbol{x}\,\text{sym\_dot}\,\boldsymbol{y} = \&0$	$\forall\boldsymbol{x}\boldsymbol{y}.\ \boldsymbol{x}=\boldsymbol{y} \Rightarrow [\boldsymbol{x},\boldsymbol{y}] = 0$
SYM_DOT_EQ0	$\vdash \forall \boldsymbol{x}.(\forall \boldsymbol{y}.\ \boldsymbol{x}\,\text{sym\_dot}\,\boldsymbol{y} = \&0)$ $\Leftrightarrow \boldsymbol{x} = \text{vec}\ 0\ \wedge$ $\forall \boldsymbol{y}.(\forall \boldsymbol{x}.\ \boldsymbol{x}\,\text{sym\_dot}\,\boldsymbol{y} = \&0)$ $\Leftrightarrow \boldsymbol{y} = \text{vec}\ 0$	$\forall\boldsymbol{x}.(\forall\boldsymbol{y}.[\boldsymbol{x},\boldsymbol{y}] = 0) \Leftrightarrow$ $\boldsymbol{x} = vec0\ \wedge$ $\forall\boldsymbol{y}.(\forall\boldsymbol{x}.[\boldsymbol{x},\boldsymbol{y}] = 0)$ $\Leftrightarrow \boldsymbol{y} = \text{vec}0$

2.1.3 辛向量空间的形式化建模与验证

在数学上，一个建立在数域 $\mathbb{V}$（例如实数域 $\mathbb{R}$）上具有辛结构的向量空间 $\mathbb{V}^{2n}$，其上的辛结构 ω 具有一个非退化、反对称、双线性形式，描述为 $\omega: \mathbb{V}^{2n}\times\mathbb{V}^{2n}\to\mathbb{V}$ 形式的一个映射，带有辛结构 ω 的向量空间 $\mathbb{V}^{2n}$ 被称为辛向量空间，记作 $(\mathbb{V}^{2n},\omega)$。

辛空间 $(\mathbb{V}^{2n},\omega)$ 需要满足双线性性质、零化性质、反对称性质、非退化性质四条属性。辛向量空间形式化模型描述如属性 2.1 ~ 属性 2.4 所示。这些属性不仅构建了辛向量空间的形式化模型，而且还间接证明了辛内积形式化描述的正确性。

(1) 双线性：对于辛空间中所有元素 $\boldsymbol{u}_1,\boldsymbol{u}_2,\boldsymbol{v}\in\mathbb{V}^{2n}$，存在 $a,b\in\mathbb{R}$，使得 $\omega(a\boldsymbol{u}_1+b\boldsymbol{u}_2,\boldsymbol{v}) = a\omega(\boldsymbol{u}_1,\boldsymbol{v})+b\omega(\boldsymbol{u}_2,\boldsymbol{v})$；同时，对于辛空间中所有元素 $\boldsymbol{u},\boldsymbol{v}_1,\boldsymbol{v}_2\in\mathbb{V}^{2n}$，存在 $a,b\in\mathbb{R}$，使得 $\omega(\boldsymbol{u},a\boldsymbol{v}_1+b\boldsymbol{v}_2) = a\omega(\boldsymbol{u},\boldsymbol{v}_1)+b\omega(\boldsymbol{u},\boldsymbol{v}_2)$。

该性质可以被形式化描述为

属性 2.1 (SYMPLECTIC_BILINEAR) 辛向量空间双线性性质

```
⊢ (!a b x1 x2 y:real^(N,N)finite_sum.
  (a % x1 + b % x2) sym_dot y =
  a * (x1 sym_dot y) + b * (x2 sym_dot y)) /\
  (!a b x y1 y2:real^(N,N)finite_sum.
    x sym_dot (a % y1 + b % y2) =
    a * (x sym_dot y1) + b * (x sym_dot y2))
```

(2) 零化性质: 对于辛空间中所有的元素 $v \in \mathbb{V}^{2n}$, 都有 $\omega(v, v) = 0$ 成立。

该性质可以被形式化描述为

属性 2.2 (SYMPLECTIC_ZERO_PROPERTY) 辛向量空间的零化性质

```
⊢ !x:real^(N,N)finite_sum. x sym_dot x = &0
```

其中, 符号 "&" 表示实数。

(3) 反对称性质: 对于辛空间中所有的元素 $u, v \in \mathbb{V}$, 都有 $\omega(u, v) = -\omega(v, u)$ 成立。

该性质可以被形式化描述为

属性 2.3 (SYMPLECTIC_ANTISYM) 辛向量空间反对称性质

```
⊢ !x y:real^(N,N)finite_sum. x sym_dot y = --(y sym_dot x)
```

其中, 符号 "--" 表示负数或相反数。

(4) 非退化性质: 设 $v \in \mathbb{V}^{2n}$ 是辛空间中的一个元素, 如果对于所有的 v 都有 $\omega(u, v) = 0$, 那么 $u = 0$。

该性质可以被形式化描述为

属性 2.4 (SYMPLECTIC_NON_DEGENERATE) 辛向量空间非退化性质

```
⊢ !y. (!x:real^(N,N)finite_sum. x sym_dot y = &0) ==> y = vec 0
```

其中, "vec 0" 表示零向量。

本节主要运用重写对策和化简对策, 结合定义 2.1 和表 2.3 中定理形式化证明上述四条辛向量空间的属性。同时验证基于高阶逻辑构建的辛向量空间模型的正确性。

2.1.4 辛空间基底性质形式化证明

任何空间都有基底, 所谓基底就是一组向量。基底不能为零向量, 也不能是共线向量。空间的基必须满足以下两个条件:

(1) 这组向量线性无关;

(2) 向量空间中任何向量均可由这组向量线性表示。

基底可以看成空间里的坐标系。

任一辛向量空间都存在辛基, 设 $(\mathbb{V}^{2n}, \omega)$ 是一 $2n$ 维的辛空间, 如果一组向量组 $e_1, e_2, \cdots, e_n, f_1, \cdots, f_n$ 满足式 (2.2), 则被称为辛空间 $(\mathbb{V}^{2n}, \omega)$ 的一组

辛基。

$$\omega(\boldsymbol{e}_i, \boldsymbol{f}_j) = \delta_{ij} \ \wedge \ \omega(\boldsymbol{e}_i, \boldsymbol{e}_j) = \omega(\boldsymbol{f}_i, \boldsymbol{f}_j) = 0, \ \ i,j = 1, \cdots, n \qquad (2.2)$$

其中，δ_{ij} 为克朗内克常数。

根据上述辛基的定义，本节将给出一组形如式 (2.3) 所示的辛正交基形式化定义。

$$(\boldsymbol{e}_1, \boldsymbol{e}_2, \cdots, \boldsymbol{e}_n, \boldsymbol{f}_1, \boldsymbol{f}_2, \cdots, \boldsymbol{f}_n) \qquad (2.3)$$

其中，$\boldsymbol{e}_1 = (1, 0, \cdots, 0, 0, \cdots, 0)$，$\boldsymbol{e}_n = (0, 0, \cdots, 1, 0, \cdots, 0)$，$\boldsymbol{f}_1 = (0, 0, \cdots, 0, 1, \cdots, 0)$，$\boldsymbol{f}_n = (0, 0, \cdots, 0, 0, \cdots, 1)$，$[\boldsymbol{e}_i, \boldsymbol{e}_j] = [\boldsymbol{f}_i, \boldsymbol{f}_j] = 0$，$[\boldsymbol{e}_i, \boldsymbol{f}_j] = \delta_{ij} = \begin{cases} 1, i = j \\ 0, i \neq j \end{cases}$，$\delta_{ij}$ 为克朗内克常数。

其高阶逻辑形式化描述为

定义 2.2 (e_basis) *前 n 项辛基底形式化定义*

```
let e_basis = new_definition
  `e_basis k = pastecart (basis k:real^N) (vec 0:real^N)`;;
```

定义 2.3 (f_basis) *后 n 项辛基底形式化定义*

```
let f_basis = new_definition
  `f_basis k = pastecart (vec 0:real^N) (basis k:real^N)`;;
```

根据式（2.2）可知，辛基底应满足式（2.4）~ 式（2.9）共 6 条基本性质，其高阶逻辑描述如定理 2.1 ~ 定理 2.6 所示。

定理 2.1 如式（2.4）所示，其描述对于任意前 n 项辛基底的辛内积为 0。

$$[\boldsymbol{e}_i, \boldsymbol{e}_j] = 0 \qquad (2.4)$$

该定理可形式化为

定理 2.1 (SYMDOT_EBASIS_EBASIS) *前 n 项辛基底零化性质*

```
⊢ !i j.
  1 <= i /\ i <= dimindex(:N) /\ 1 <= j /\ j <= dimindex(:N) ==>
  e_basis i:real^(N,N)finite_sum sym_dot e_basis j = &0
```

定理 2.2 如式（2.5）所示，其描述对于任意后 n 项辛基底的辛内积为 0。

$$[\boldsymbol{f}_i, \boldsymbol{f}_j] = 0 \qquad (2.5)$$

该定理可形式化为

定理 2.2 (SYMDOT_FBASIS_FBASIS)　后 n 项辛基底零化性质

```
⊢ !i j.
  1 <= i /\ i <= dimindex(:N) /\ 1 <= j /\ j <= dimindex(:N) ==>
  f_basis i:real^(N,N)finite_sum sym_dot f_basis j = &0
```

定理 2.3 如式（2.6）所示，其描述对于任一前 n 项辛基底与任一后 n 项辛基底的辛内积为 δ_{ij}。

$$[\boldsymbol{e}_i, \boldsymbol{f}_j] = \delta_{ij} \tag{2.6}$$

该定理对于标准正交基可形式化为

定理 2.3 (SYMDOT_EBASIS_FBASIS)　任一前 n 项辛基底与任一后 n 项辛基底的辛内积

```
⊢ !i j.
  1 <= i /\ i <= dimindex(:N) /\ 1 <= j /\ j <= dimindex(:N) ==>
  e_basis i:real^(N,N)finite_sum sym_dot f_basis j =
  if i = j then &1 else &0
```

定理 2.4 如式（2.7）所示，其描述对于任一后 n 项辛基底与任一前 n 项辛基底的辛内积为 $-\delta_{ij}$。

$$[\boldsymbol{f}_i, \boldsymbol{e}_j] = -\delta_{ij} \tag{2.7}$$

该定理对于标准正交基可形式化为

定理 2.4 (SYMDOT_FBASIS_EBASIS)　任一后 n 项辛基底与任一前 n 项辛基底的辛内积

```
⊢ !i j.
  1 <= i /\ i <= dimindex(:N) /\ 1 <= j /\ j <= dimindex(:N) ==>
  f_basis i:real^(N,N)finite_sum sym_dot e_basis j =
  if i = j then (-- &1) else &0
```

定理 2.5 如式（2.8）所示，其描述对于任意前 n 项辛基底的辛内积与任意后 n 项辛基底的辛内积相等。

$$[\boldsymbol{e}_i, \boldsymbol{e}_j] = [\boldsymbol{f}_i, \boldsymbol{f}_j] \tag{2.8}$$

该定理可形式化为

定理 2.5 (SYMDOT_EEBASIS_FFBASIS_EQ) 辛基底的辛内积对应相等性质

```
⊢ !i j.
  1 <= i /\ i <= dimindex(:N) /\ 1 <= j /\ j <= dimindex(:N) ==>
  e_basis i:real^(N,N)finite_sum sym_dot e_basis j =
  f_basis i:real^(N,N)finite_sum sym_dot f_basis j
```

定理 2.6 如式（2.9）所示，其描述对于任一前 n 项辛基底和任一后 n 项辛基底的辛内积与任一后 n 项辛基底和任一前 n 项辛基底的辛内积互为相反数。

$$[e_i, f_j] = -[f_i, e_j] \tag{2.9}$$

该定理可形式化为

定理 2.6 (SYMDOT_EEBASIS_FFBASIS_UNEQ) 辛基底的辛内积互为相反数性质

```
⊢ !i j.
  1 <= i /\ i <= dimindex(:N) /\ 1 <= j /\ j <= dimindex(:N) ==>
  e_basis i:real^(N,N)finite_sum sym_dot f_basis j =
  -- (f_basis i:real^(N,N)finite_sum sym_dot e_basis j)
```

2.2 辛变换矩阵的形式化

由 2.1 节辛向量空间性质可知，辛空间是线性空间。在线性空间中，当选定某组基后，向量表示对象，矩阵描述对象的运动。空间中的运动称为变换，通常用矩阵来刻画某种变换，因此矩阵的本质就是运动的描述。为了方便描述某个对象发生对应运动的方法，采用代表该运动的矩阵乘以代表该对象的向量。在辛空间中，当选定一组基时，不仅可以用一个辛向量来描述辛空间中的任一对象，同时还可以用辛矩阵来描述该辛空间中的任一运动，即辛变换。辛变换矩阵对解决机器人轨迹规划，特别是复杂多体机器人系统的轨迹跟踪[8,9]、柔性机械臂动力学建模与分析[10,11]、卫星轨道计算与深空探测器的最优控制[12-14] 等问题至关重要。因此，本节主要阐述辛变换矩阵的形式化描述及其性质的形式化证明。

2.2.1 辛变换的形式化定义及其判定定理的证明策略

在辛向量空间 $(\mathbb{R}^{2n}, \omega)$ 中，存在一个线性变换 $\mathbb{R}^{2n} \rightarrow \mathbb{R}^{2n}$，满足 $\omega(Sx, Sy) = \omega(x, y)$，即保持辛内积不变 $[Sx, Sy] = [x, y]$，其中 $\forall x, y \in \mathbb{R}^{2n}$，此时，称线性

变换 S 为辛变换。矩阵 $\boldsymbol{S}$ 也被称为辛矩阵。根据辛变换具有保持辛内积不变的特性，把辛变换形式化描述为

定义 2.4 (is_sympletic_matrix) 辛矩阵形式化定义

```
let is_sympletic_matrix = new_definition
    `is_sympletic_matrix(S:real^(N,N)finite_sum^(N,N)finite_sum)<=>
    !u v:real^(N,N)finite_sum.
    (S ** u) sym_dot (S ** v) = u sym_dot v`;;
```

同时，辛结构 ω 矩阵描述如下

$$\boldsymbol{J}_{2n} = \begin{bmatrix} 0 & \boldsymbol{I}_n \\ -\boldsymbol{I}_n & 0 \end{bmatrix} \tag{2.10}$$

其中，$\boldsymbol{I}_n$ 为 $n \times n$ 的单位矩阵。

矩阵 $\boldsymbol{J}_{2n}$ 描述了一个反对称矩阵形式，用符号 $\boldsymbol{J}$ 描述，称其为单位辛矩阵。矩阵 $\boldsymbol{J}$ 还具有如式（2.11）所示的特性，其相关性质形式化定理构建将在 2.2.3 节中详细介绍。

$$\begin{cases} \det \boldsymbol{J} = 1 \\ \boldsymbol{J}^2 = \boldsymbol{I} \\ \boldsymbol{J}^{\mathrm{T}} = \boldsymbol{J}^{-1} = -\boldsymbol{J} \end{cases} \tag{2.11}$$

矩阵 $\boldsymbol{J}$ 可形式化描述为

定义 2.5 (sym_Jmat) 单位辛矩阵

```
let sym_Jmat = new_definition
    `(sym_Jmat:num->real^(N,N)finite_sum^(N,N)finite_sum) k =
    (lambda i j.
    if (1 <= i /\ i <= dimindex(:N) /\ (j = (i + dimindex(:N))))
    then &k
    else if ((dimindex(:N)+1) <= i /\
             i <= dimindex(:(N,N)finite_sum) /\
             (j = (i - dimindex(:N))))
    then -- &k
    else &0):real^(N,N)finite_sum^(N,N)finite_sum`;;
```

其中，参数 k 取实数 1 时为单位辛矩阵。

此外，辛变换判定的充要条件是辛变换形式化工作中一个非常重要的基础定理，该判定定理高阶逻辑描述如定理 2.7 所示。如果矩阵 $\boldsymbol{S} \in \mathbb{R}^{2n \times 2n}$ 是满足条

件 $S^{\mathrm{T}}JS = J$ 的实数矩阵 (其中 S^{T} 表示 S 的转置，J 表示式 (2.10) 给出的非奇异、反对称的矩阵)，那么矩阵 S 是辛线性变换。

定理 2.7 (SYMPLETIC_MATRIX_DEF) *辛变换判定定理*

```
⊢ !S:real^(N,N)finite_sum^(N,N)finite_sum.
  is_sympletic_matrix S <=>
  transp S ** sym_Jmat 1 ** S = sym_Jmat 1
```

该定理的证明策略如下

步骤 1: 运用重写对策，结合辛变换形式化定义 2.4 重写目标。

步骤 2: 形式化证明标准辛矩阵与辛矩阵转置的关系定理 (定理 2.8)，该定理是形式化证明过程中一个至关重要的引理。

定理 2.8 (SYMJMAT_DOT_TRANSP) *标准辛矩阵与辛矩阵转置的关系*

```
⊢ !S:real^(N,N)finite_sum^(N,N)finite_sum u v:real^(N,N)finite_sum.
  (sym_Jmat 1 ** transp S ** u) dot (transp S ** v) =
  (S ** sym_Jmat 1 ** transp S ** u) dot v
```

步骤 3: 运用化简对策、推理对策，结合定理 2.8、矩阵运算性质定理、定义 2.5 化简目标。

步骤 4: 可通过自动证明对策结合相关定理推导出目标成立。

2.2.2 分块矩阵相关理论的形式化

辛矩阵通常为 $2n \times 2n$ 维矩阵。根据标准辛矩阵的定义 (式 (2.10)) 可知，为了降低计算复杂度，通常会用适当的分块矩阵方式进行处理。分块矩阵是处理阶数较高的矩阵时常采用的技巧。分块矩阵的使用会使原矩阵的结构简单清晰，同时简化运算且方便理论推导。基于同样的考虑，高阶逻辑化的分块矩阵形式化描述及其相关性质定理的证明可简化基于辛矩阵构建的形式化模型的证明推导。因此，实现分块矩阵的高阶逻辑形式化对于辛矩阵理论形式化推导至关重要。

辛矩阵在实际应用中，矩阵 S_{2n} 通常被定义为式 (2.12) 所示的分块矩阵。

$$S_{2n} = \begin{bmatrix} A_n & B_n \\ C_n & D_n \end{bmatrix} \tag{2.12}$$

其中，A_n，B_n，C_n，D_n 都是 $n \times n$ 维矩阵。

该分块矩阵可形式化为

定义 2.6 (blockmatrix) *分块矩阵形式化定义*

```
let blockmatrix = new_definition
    `((blockmatrix:real^N^N -> real^N^N -> real^N^N -> real^N^N
                ->real^(N,N)finite_sum^(N,N)finite_sum) A B C D) =
    ((lambda i j.
      if(1 <= i /\ i <=dimindex(:N) /\ 1 <= j /\ j <=dimindex(:N))
      then A$i$j
      else if (1 <= i /\ i <= dimindex(:N) /\
              (dimindex(:N)+1) <= j /\
               j <= dimindex (:(N,N)finite_sum))
      then B$i$(j-dimindex(:N))
      else if ((dimindex(:N)+1) <= i /\
              i <= dimindex (:(N,N)finite_sum) /\
              1 <= j /\ j <= dimindex(:N))
      then C$(i-dimindex(:N))$j
      else if ((dimindex(:N)+1) <= i /\
              i <= dimindex (:(N,N)finite_sum) /\
              (dimindex(:N)+1) <= j /\
              j <= dimindex (:(N,N)finite_sum))
      then D$(i-dimindex(:N))$(j-dimindex(:N))
      else &0):real^(N,N)finite_sum^(N,N)finite_sum`;;
```

根据式（2.12）所示，为方便基于该类型分块辛矩阵的形式化推导，本书将对该类型的分块矩阵的基本运算性质进行高阶逻辑证明。

分块矩阵的加法与减法运算规则如下

$$\begin{bmatrix} A_1 & B_1 \\ C_1 & D_1 \end{bmatrix} \pm \begin{bmatrix} A_2 & B_2 \\ C_2 & D_2 \end{bmatrix} = \begin{bmatrix} A_1 \pm A_2 & B_1 \pm B_2 \\ C_1 \pm C_2 & D_1 \pm D_2 \end{bmatrix} \tag{2.13}$$

其中，矩阵中每一个分块均为一个 $n \times n$ 维矩阵，分块矩阵加法和减法性质分别形式化为

定理 2.9 (BLOCKMATRIX_ADD) 分块矩阵加法

```
⊢ !A1 B1 C1 D1 A2 B2 C2 D2:real^N^N.
  blockmatrix A1 B1 C1 D1 + blockmatrix A2 B2 C2 D2 =
  blockmatrix(A1+A2) (B1 + B2) (C1+C2) (D1+D2)
```

定理 2.10 (BLOCKMATRIX_SUB) 分块矩阵减法

```
⊢ !A1 B1 C1 D1 A2 B2 C2 D2:real^N^N.
  blockmatrix A1 B1 C1 D1 - blockmatrix A2 B2 C2 D2 =
  blockmatrix(A1 - A2) (B1 - B2) (C1 - C2) (D1 - D2)
```

分块矩阵的数乘运算规则如下

$$c \times \begin{bmatrix} A & B \\ C & D \end{bmatrix} = \begin{bmatrix} c \times A & c \times B \\ c \times C & c \times D \end{bmatrix} \tag{2.14}$$

该运算规则可以形式化为

定理 2.11 (BLOCKMATRIX_CMUL) 分块矩阵数乘

```
⊢ !c:real A B C D:real^N^N.
  c %% (blockmatrix A B C D) =
  blockmatrix(c %% A) (c %% B) (c %% C) (c %% D)
```

其中，符号 "%%" 表示实数与矩阵的乘积。

分块矩阵乘法运算规则如下

$$\begin{bmatrix} A_1 & B_1 \\ C_1 & D_1 \end{bmatrix} \times \begin{bmatrix} A_2 & B_2 \\ C_2 & D_2 \end{bmatrix} = \begin{bmatrix} A_1 \times A_2 + B_1 \times C2 & A_1 \times B_2 + B_1 \times D_2 \\ C_1 \times A_2 + D_1 \times C2 & C_1 \times B_2 + D_1 \times D_2 \end{bmatrix} \tag{2.15}$$

该运算规则可以形式化为

定理 2.12 (BLOCKMATRIX_MUL) 分块矩阵相乘

```
⊢ !A1 B1 C1 D1 A2 B2 C2 D2:real^N^N.
  blockmatrix A1 B1 C1 D1 ** blockmatrix A2 B2 C2 D2 =
  blockmatrix(A1**A2 + B1**C2) (A1**B2 + B1**D2)
            (C1**A2 + D1**C2) (C1**B2 + D1**D2)
```

其中，符号 "**" 表示矩阵与矩阵的乘积。

分块矩阵的取反操作如下

$$-\begin{bmatrix} A & B \\ C & D \end{bmatrix} = \begin{bmatrix} -A & -B \\ -C & -D \end{bmatrix} \tag{2.16}$$

该运算规则可以形式化为

定理 2.13 (BLOCKMATRIX_NEG)　分块矩阵取反

```
⊢ !A B C D:real^N^N.
  -- blockmatrix A B C D = blockmatrix (-- A) (-- B) (-- C) (-- D)
```

分块矩阵的转置操作如下

$$\begin{bmatrix} A & B \\ C & D \end{bmatrix}^{\mathrm{T}} = \begin{bmatrix} A^{\mathrm{T}} & C^{\mathrm{T}} \\ B^{\mathrm{T}} & D^{\mathrm{T}} \end{bmatrix} \tag{2.17}$$

该运算规则可以形式化为

定理 2.14 (BLOCKMATRIX_TRANSP)　分块矩阵转置

```
⊢ !A B C D:real^N^N.
  transp (blockmatrix A B C D) =
  blockmatrix (transp A) (transp C) (transp B) (transp D)
```

矩阵的迹定义为该矩阵对角线上的元素之和，也就是说分块矩阵 $\begin{bmatrix} A & B \\ C & D \end{bmatrix}$ 的迹只与矩阵 A 和 D 有关，因此分块矩阵的迹可以形式化为

定理 2.15 (BLOCKMATRIX_TRACE)　分块矩阵的迹

```
⊢ !A B C D:real^N^N.
  trace (blockmatrix A B C D) = trace A + trace D
```

在定理证明器 HOL-Light 中，可以使用函数 mat k 生成对角线上元素为 k 的对角阵。为方便辛分块矩阵相关定理的推导，本书把分块矩阵与生成同维度对角阵中元素对应相等的性质形式化为

定理 2.16 (BLOCKMATRIX_EQ_MAT)　分块矩阵与生成对角阵相等

```
⊢ !k:num.
  blockmatrix ((mat k):real^N^N) (mat 0) (mat 0) (mat k) = mat k
```

当一个矩阵给定某种分块划分后，该分块矩阵具有唯一性，该定理可以形式化描述为

定理 2.17 (BLOCKMATRIX_UNIQUE)　分块矩阵的唯一性

```
⊢ !A1 A2 B1 B2 C1 C2 D1 D2:real^N^N.
  blockmatrix A1 B1 C1 D1 = blockmatrix A2 B2 C2 D2 <=>
  A1 = A2 /\ B1 = B2 /\ C1 = C2 /\ D1 = D2
```

2.2.3 单位辛矩阵性质的形式化

标准辛矩阵 J 具有 $\det J = 1$，$J^2 = I$ 和 $J^T = J^{-1} = -J$ 等特性。这些特性既可以简化标准辛矩阵形式化定义及其相关性质的证明，也有助于简化基于辛空间和辛群理论的哈密顿动力学方程推导过程中起到简化推导过程。性质 $\det J = 1$，$J^2 = I$ 形式化描述如下

定理 2.18 (DET_SYM_JMAT_EQ_1) 标准辛矩阵的行列式值

```
⊢ det((sym_Jmat 1):real^(N,N)finite_sum^(N,N)finite_sum) = &1
```

定理 2.19 (SYM_JMAT_POW_2_EQ_MAT) 标准辛矩阵的平方

```
⊢ sym_Jmat 1 ** sym_Jmat 1 = mat 1
```

通过该性质，可以扩展一个辛矩阵相乘的新定理，即

定理 2.20 (SYM_JMAT_MUL) 辛矩阵相乘

```
⊢ !a b:num.
  sym_Jmat a ** sym_Jmat b =
  (-- (&a * &b)) %% (mat 1:real^(N,N)finite_sum^(N,N)finite_sum)
```

为了证明 $J^T = J^{-1} = -J$ 性质的成立，首先要完成标准辛矩阵 J 可逆性的证明。标准辛矩阵可逆性定理形式化为

定理 2.21 (INVERTIBLE_SYM_JMAT) 标准辛矩阵的可逆性

```
⊢ !k:num.
  ~(k = 0) ==>
  invertible ((sym_Jmat k):real^(N,N)finite_sum^(N,N)finite_sum)
```

根据标准辛矩阵可逆性定理可知，J^{-1} 存在，因此 $J^T = J^{-1} = -J$ 可形式化为定理 2.22 ~ 定理 2.24。

定理 2.22 (SYM_JMAT_TRANSP) 标准辛矩阵的转置

```
⊢ !a:num. transp(sym_Jmat a) = -- (sym_Jmat a)
```

其中，函数 "transp" 用于求取矩阵的转置。

定理 2.23 (TRANSP_EQ_INV_SYM_JMAT2)　标准辛矩阵的转置与该矩阵逆的关系

```
⊢ matrix_inv ((sym_Jmat 1):
  real^(N,N)finite_sum^(N,N)finite_sum) = transp(sym_Jmat 1)
```

其中，函数 "matrix_inv" 用于求取可逆矩阵的逆。

定理 2.24 (MATRIX_INV_SYM_JMAT2)　标准辛矩阵的逆

```
⊢ matrix_inv ((sym_Jmat 1):
  real^(N,N)finite_sum^(N,N)finite_sum) = -- (sym_Jmat 1)
```

通过标准辛矩阵的逆矩阵定理，可以得到辛矩阵的逆矩阵定理如下

定理 2.25 (MATRIX_INV_SYM_JMAT)　辛矩阵的逆矩阵

```
⊢ !a:num.
  ~(a = 0) ==>
  matrix_inv ((sym_Jmat a):real^(N,N)finite_sum^(N,N)finite_sum) =
  (-- inv(&a)) %% sym_Jmat 1
```

除上述性质之外，标准辛矩阵还满足正交性，该定理形式化证明如下

定理 2.26 (ORTHOGONAL_SYM_JMAT2)　标准辛矩阵正交性

```
⊢ orthogonal_matrix ((sym_Jmat 1)
  :real^(N,N)finite_sum^(N,N)finite_sum)
```

2.3　辛群的形式化

群的概念最先由 19 世纪法国数学家伽罗瓦提出，并逐渐演变成一种新的数学分支——群论[15]。如今群论已经发展成为现代数学一个重要分支，其应用也深入到包括数学、物理学、机器人学在内的自然科学的各个领域。群论从本质上讲是描述空间或物体运动变化的，是一种描述运动对称性的数学工具，具有重要的应用价值。

通常经典力学的动力系统都可以看作是某一流形余切空间上的一组向量场。分析力学中哈密顿动力系统即为定义在辛结构余切空间上的一组哈密顿向量场。辛向量场都局部地重合于一个哈密顿向量场，所以一切的哈密顿向量场都是辛向量场。辛群就是定义在一个具有非退化、反对称双线性性质的辛向量空间上所有可逆线性变换。因此，辛群的高阶逻辑形式化将为哈密顿系统的形式化分析提供必要的理论基础。

2.3.1 辛群形式化建模

已知 $(\mathbb{V}^{2n}, \omega)$ 为一个辛向量空间，所谓 $(\mathbb{V}^{2n}, \omega)$ 的一个自同构是指从 $(\mathbb{V}^{2n}, \omega)$ 到其自身上的一个同构。所以 $(\mathbb{V}^{2n}, \omega)$ 的一个自同构是 $\mathbb{V}^{2n}$ 的线性变换群 $Gl(\mathbb{V})$ 的一个元素。若把它记为 S，则需要满足

$$\omega(Sx, Sy) = \omega(x, y), \quad \forall x, y \in V^{2n} \tag{2.18}$$

易知 $(\mathbb{V}^{2n}, \omega)$ 的自同构全体构成一般线性变换群 $Gl(\mathbb{V})$ 的一个子群，记为 $Sp(\mathbb{V}^{2n}, \omega)$。特别地，把标准辛空间 (κ^{2n}, ω) 的自同构群记为 $Sp(2n, \kappa)$，若 $\kappa = \mathbb{R}$，则把 $Sp(2n, \mathbb{R})$ 简写成 $Sp(2n)$，记作 $2n$ 维辛群。

通常，把所有辛矩阵构成的群称为辛群。鉴于辛群是一般线性变换群 $Gl(n)$ 的子群，本书工作基于 HOL-Light 定理证明库中已有的群论库，从 $Gl(n)$ 的形式化模型入手实现对辛群的形式化建模与高阶逻辑证明。

一般线性变换群 $Gl(n)$ 对矩阵乘法构成封闭的可逆矩阵群，因此一般线性变换群是一个乘法群，它的数学含义描述如下。

存在一个非空集合 $\mathbb{G}$，在 $\mathbb{G}$ 上的二元运算 $\mathbb{G} \times \mathbb{G} \to \mathbb{G}$（一般线性变换群中为矩阵乘法）满足

① 封闭性：$\forall a, b \in \mathbb{G} \Rightarrow a \cdot b \in \mathbb{G}$；

② 结合律：$\forall a, b, c \in \mathbb{G} \Rightarrow (a \cdot b) \cdot c = a \cdot (b \cdot c)$；

③ 单位元：$\exists e \in \mathbb{G}, \forall a \in \mathbb{G} \Rightarrow a \cdot e = e \cdot a = a$；

④ 存在逆元：$\forall a \in \mathbb{G}, \exists b \in \mathbb{G}, \Rightarrow a \cdot b = b \cdot a = e$。

其形式化模型为

定义 2.7 (general_linear_group) 一般线性群形式化模型

```
let general_linear_group = new_definition
    `general_linear_group (A:real^N^N) =
    group (A:real^N^N | invertible A,
    mat 1:real^N^N, matrix_inv, matrix_mul)`;;
```

　　辛群是由 $2n$ 阶辛矩阵在矩阵乘法下构成的群，是一般线性群的子群。因此，基于一般线性群的形式化模型，构建辛群形式化模型如下

定义 2.8 (sympletic_group) 辛群形式化模型

```
let sympletic_group = new_definition
    `sympletic_group (A:real^N^N) (B:real^N^N)
                     (C:real^N^N) (D:real^N^N) =
    group ({(blockmatrix A B C D) |
            is_sympletic_matrix (blockmatrix A B C D)},
          mat 1:(real^(N,N)finite_sum^(N,N)finite_sum),
                matrix_inv, matrix_mul)`;;
```

　　从定义 2.8 可见，辛群的基本元素是辛矩阵。同时，这些基本元素对矩阵乘法具有封闭性，对矩阵乘法满足结合律，存在单位元和逆元等四条群的基本性质。

2.3.2　辛群判定定理及其证明策略

　　结合 2.3.1 节中辛群的形式化模型，辛群判定定理形式化表达如下

定理 2.27 (SYMPLETIC_GROUP) 辛群的判定定理

```
⊢ (!A B C D:real^N^N.
  group_carrier(sympletic_group A B C D) =
  {(blockmatrix A B C D) |
   is_sympletic_matrix (blockmatrix A B C D)}) /\
  (!A B C D:real^N^N.
   group_id(sympletic_group A B C D) =
   mat 1:real^(N,N)finite_sum^(N,N)finite_sum) /\
  (!A B C D:real^N^N.
   group_inv(sympletic_group A B C D) = matrix_inv) /\
  (!A B C D:real^N^N.
   group_mul(sympletic_group A B C D) = matrix_mul)
```

　　辛群的判定定理的形式化推导策略如下

　　步骤 1: 为证明定理 2.27 成立，首先要完成群的四条基本性质的证明。由于存在单位元和矩阵乘法结合律，通过在 HOL-Light 系统矩阵相关定理库中有关定理很容易可以证明，此处不再赘述。因此本节只讨论辛群另外两个需要满足的性质，即可逆性和封闭性。

　　步骤 2: 形式化证明辛群的可逆性，即辛矩阵存在逆矩阵，如定理 2.28 所示。辛矩阵的逆矩阵也满足辛矩阵的性质，如定理 2.29 所示。

定理 2.28 (INVERTIBLE_SYMPLETIC) *辛矩阵的可逆性*

```
⊢ !S:real^(N,N)finite_sum^(N,N)finite_sum.
  is_sympletic_matrix S ==> invertible S
```

定理 2.29 (SYMPLETIC_IMP_MATRIX_INV) *辛矩阵的逆矩阵是辛矩阵*

```
⊢ !S:real^(N,N)finite_sum^(N,N)finite_sum.
  is_sympletic_matrix S ==> is_sympletic_matrix (matrix_inv S)
```

通过上述两个定理可知，辛矩阵的逆矩阵是辛矩阵等价于若矩阵的逆矩阵是辛矩阵，则原矩阵也是辛矩阵。该定理的形式化描述为

定理 2.30 (SYMPLETIC_EQ_MATRIX_INV) *矩阵是辛矩阵，那么它的逆矩阵也是辛矩阵，反之亦然*

```
⊢ !S:real^(N,N)finite_sum^(N,N)finite_sum.
  is_sympletic_matrix S <=> is_sympletic_matrix (matrix_inv S)
```

步骤 3: 基于高阶逻辑推导辛群的封闭性，可以描述为任意两个辛矩阵的乘积还是辛矩阵。其形式化描述如下

定理 2.31 (SYMPLETIC_MUL) *辛矩阵乘法封闭性*

```
⊢ !S1 S2:real^(N,N)finite_sum^(N,N)finite_sum.
  is_sympletic_matrix S1 /\ is_sympletic_matrix S2 ==>
  is_sympletic_matrix (S1 ** S2)
```

步骤 4: 通过以上四个定理的证明，结合定理证明库中关于矩阵和群论的相关定理化简目标，很容易得到辛群判定定理成立的结论。

除此之外，根据辛群的定义可知，辛群一定是一般线性群的子群，该性质可以形式化描述为

定理 2.32 (SYMPLETIC_SUBGROUP_OF_GENERAL) *辛群是一般线性群的子群*

```
⊢ !g.
  (group_carrier(sympletic_group g))
  subgroup_of (general_linear_group g)
```

为了便于辛矩阵、辛群理论在定理证明过程中的实际应用，在本书中还证明了辛群内基本元素即辛矩阵的一些其他性质。

(1) 若 $S \in Sp(2n)$，则有 $\det S = 1$，其形式化为

定理 2.33 (DET_SYM_MAT_EQ_1) 辛矩阵的行列式值为 1

```
⊢ !S:real^(N,N)finite_sum^(N,N)finite_sum.
  is_sympletic_matrix S => det S = &1
```

(2) 若 $S \in Sp(2n)$，则有 $S^{-1} = -JS^{\mathrm{T}}J = J^{-1}S^{\mathrm{T}}J$，其形式化为

定理 2.34 (MATRIX_INV_SYMPLETIC) $S^{-1} = -JS^{\mathrm{T}}J$, $S \in Sp(2n)$

```
⊢ !S:real^(N,N)finite_sum^(N,N)finite_sum.
  is_sympletic_matrix S ==>
  matrix_inv S = --(sym_Jmat 1) ** transp(S) ** sym_Jmat 1
```

定理 2.35 (MATRIX_INV_SYMPLETIC) $S^{-1} = J^{-1}S^{\mathrm{T}}J$, $S \in Sp(2n)$

```
⊢ !S:real^(N,N)finite_sum^(N,N)finite_sum.
  is_sympletic_matrix S ==>
  matrix_inv S = matrix_inv(sym_Jmat 1) ** transp(S) ** sym_Jmat 1
```

(3) 若 $S \in Sp(2n)$，则有 $SJS^{\mathrm{T}} = J$，其形式化为

定理 2.36 (TRANSP_SYMPLETIC_MATRIX) $SJS^{\mathrm{T}} = J$, $S \in Sp(2n)$

```
⊢ !S:real^(N,N)finite_sum^(N,N)finite_sum.
  is_sympletic_matrix (transp S) <=>
  S ** sym_Jmat 1 ** transp S = sym_Jmat 1
```

(4) 若 $S \in Sp(2n)$，则 $S^{\mathrm{T}} \in Sp(2n)$，其形式化为

定理 2.37 (SYMPLETIC_IMP_TRANSP) 辛矩阵的转置是辛矩阵

```
⊢ !S:real^(N,N)finite_sum^(N,N)finite_sum.
  is_sympletic_matrix S ==> is_sympletic_matrix (transp S)
```

(5) 若 $S \in Sp(2n)$ 等价于 $S^{\mathrm{T}} \in Sp(2n)$，其形式化为

定理 2.38 (SYMPLETIC_EQ_TRANSP) 任意矩阵是辛矩阵，那么它的转置矩阵也是辛矩阵，反之亦然

```
⊢ !S:real^(N,N)finite_sum^(N,N)finite_sum.
  is_sympletic_matrix S <=> is_sympletic_matrix (transp S)
```

(6) 任意 $\begin{bmatrix} A & B \\ C & D \end{bmatrix} \in Sp(2n)$，其中 A，B，C，D 为 $n \times n$ 维矩阵，等价

于 $[A^{\mathrm{T}}C]^{\mathrm{T}} - A^{\mathrm{T}}C = 0$，$[B^{\mathrm{T}}D]^{\mathrm{T}} - B^{\mathrm{T}}D = 0$，$A^{\mathrm{T}}D - C^{\mathrm{T}}B = I$，其中 I 为 n
阶单位矩阵。其形式化描述为

定理 2.39 (SYMPLETIC_BLOCKMATRIX_EQ) 分块矩阵为辛矩阵判
定定理

```
⊢ !A B C D:real^N^N.
  is_sympletic_matrix (blockmatrix A B C D) <=>
  transp (transp A ** C) = transp A ** C /\
  transp (transp B ** D) = transp B ** D /\
  transp A ** D - transp C ** B = mat 1
```

(7) 任意 $\begin{bmatrix} A & B \\ C & D \end{bmatrix}^{\mathrm{T}} \in Sp(2n)$，其中 A，B，C，D 为 $n \times n$ 维矩阵，等

价于 $[AB^{\mathrm{T}}]^{\mathrm{T}} - AB^{\mathrm{T}} = 0$，$[CD^{\mathrm{T}}]^{\mathrm{T}} - CD^{\mathrm{T}} = 0$，$A^{\mathrm{T}}D^{\mathrm{T}} - B^{\mathrm{T}}C = I$，其中 I
为 n 阶单位矩阵。其形式化描述为

定理 2.40 (SYMPLETIC_TRANSP_BLOCKMATRIX_EQ) 分块矩阵的
转置矩阵为辛矩阵判定定理

```
⊢ !A B C D:real^N^N.
  is_sympletic_matrix (transp(blockmatrix A B C D)) <=>
  transp (A ** transp B) = A ** transp B /\
  transp (C ** transp D) = C ** transp D /\
  A ** transp D - B ** transp C = mat 1
```

(8) 如果 $\begin{bmatrix} A & B \\ C & D \end{bmatrix}^{-1} \in Sp(2n)$ 其中 A，B，C，D 为 $n \times n$ 维矩阵，那

么有 $\begin{bmatrix} A & B \\ C & D \end{bmatrix}^{-1} = \begin{bmatrix} D^{\mathrm{T}} & -B^{\mathrm{T}} \\ -C^{\mathrm{T}} & A^{\mathrm{T}} \end{bmatrix}$ 成立，其形式化描述为

定理 2.41 (BLOCKMATRIX_MATRIX_INV) 辛分块矩阵的逆矩阵

```
⊢ !A B C D:real^N^N.
  is_smpletic_matrix (blockmatrix A B C D) ==>
  matrix_inv (blockmatrix A B C D) =
  blockmatrix (transp D) (-- transp B) (-- transp C) (transp A)
```

2.4 本 章 小 结

　　辛几何源于经典力学的哈密顿表述，它是哈密顿动力学理论的数学分析基础，哈密顿系统的研究离不开辛几何相关理论的支持。因此，要完成基于高阶逻辑的哈密顿力学相关理论形式化定理库的构建，首先应解决辛向量空间、辛变换和辛群理论的高阶逻辑表达问题。本章基于 HOL-Light 定理证明器，将辛几何理论进行了形式化建模与高阶逻辑证明。首先，从辛几何与欧氏几何的对比分析入手，定义了辛内积，进而构建一个完整的辛向量空间，证明了辛空间需要满足的属性。然后，在辛向量空间的基础上对辛变换进行定义，通过辛变换完成辛群的形式化建模与证明。最终初步完成了辛几何定理证明库的开发。

参 考 文 献

[1] Silva A. Lectures on Symplectic Geometry. Heidelberg: Springer, 2001.

[2] Tehrani M F, McLean M, Zinger A. Normal crossings singularities for symplectic topology. Advances in Mathematics, 2018, 339: 672-748.

[3] Wang G, Guan Y, Shi Z, et al. Formalization of symplectic geometry in HOL-Light//Proceedings of the 20th International Conference on Formal Engineering Methods, Gold Coast, 2018.

[4] 邹异明. 辛几何引论. 北京：科学出版社, 2016.

[5] Guillemin V, Miranda E, Pires A R, et al. Symplectic and Poisson geometry on b-manifolds. Advances in Mathematics, 2014, 264: 864-896.

[6] Harrison J. The HOL Light theory of Euclidean space. Journal of Automated Reasoning, 2013, 50(2): 173-190.

[7] Maggesi M. A formalization of metric spaces in HOL Light. Journal of Automated Reasoning, 2018, 60(2): 237-254.

[8] 彭海军, 李飞, 高强, 等. 多体系统轨迹跟踪的瞬时最优控制保辛方法. 力学学报, 2016, 48(4): 784-791.

[9] 朱毅, 张涛, 宋靖雁. 非完整移动机器人的人工势场法路径规划. 控制理论与应用, 2010, 27(2): 152-158.

[10] Peng H J, Gao Q, Wu Z G, et al. Symplectic adaptive algorithm for solving non-
      linear two-point boundary value problems in Astrodynamics. Celestial Mechanics &
      Dynamical Astronomy, 2011, 110(4): 319-342.

[11] 潘冬. 空间柔性机械臂动力学建模分析及在轨抓捕控制. 哈尔滨: 哈尔滨工业大学, 2014.

[12] 徐明毅. 卫星轨道计算的辛几何算法应用. 中国新技术新产品, 2009, (24): 17-19.

[13] 彭海军. 面向深空探测的计算最优控制辛数学方法//中国力学学会第十届动力学与控制
      学术会议论文集, 成都, 2016.

[14] 丁克伟. Hamiltonian 矩阵平方约化求解特征问题的辛算法. 安徽理工大学学报 (自然科
      学版), 2005, (2): 24-28.

[15] 龙以明. 辛群的 ω 子集的拓扑结构. 数学学报, 1999, (4): 763-765.

第 3 章　勒让德变换形式化

18 世纪 80 年代末，法国天文学家、数学家勒让德在研究最小曲面时提出了一种实值凸函数的对合变换，即勒让德变换[1,2]。勒让德变换是广泛应用于数学和物理学中的变换方法之一。在数学上，该变换可以把一组独立变量的函数转换为其共轭变量的另一种函数，把一种矢量或函数空间转换为其对偶的矢量或函数空间。本质上来讲，它是通过使用不同的自变量来表达某个函数矢量或函数的信息内容的变换过程。在物理学中，勒让德变换可用于描述一种能量形式之间的变换。这对于分析力学中从依赖于广义位置 q 和广义速度 $\dot{q}$ 的相空间中的拉格朗日函数向依赖于广义位置 q 和广义动量 p 的动量空间中的哈密顿函数变换非常重要。因此，为了完成从拉格朗日函数形式化模型向哈密顿函数形式化模型的高阶逻辑推导，需要实现勒让德变换的形式化。本章将从勒让德变换原理、单变量函数勒让德变换形式化建模和多变量函数勒让德变换形式化建模三个方面进行阐述。

3.1　勒让德变换原理

通常情况下，勒让德变换定义[1] 为：已知存在两个函数 $f(x)$ 与 $g(z)$，如果其一阶导数是互为反函数，则这两个函数互为勒让德变换，即

$$\frac{\mathrm{d}f}{\mathrm{d}x}(x) = \left(\frac{\mathrm{d}g}{\mathrm{d}z}\right)^{-1}(x) \tag{3.1}$$

$$\frac{\mathrm{d}g}{\mathrm{d}z}(z) = \left(\frac{\mathrm{d}f}{\mathrm{d}x}\right)^{-1}(z) \tag{3.2}$$

根据反函数定义，基于式（3.1）和式（3.2），可知

$$x = \frac{\mathrm{d}g}{\mathrm{d}z} \tag{3.3}$$

$$z = \frac{\mathrm{d}f}{\mathrm{d}x} \tag{3.4}$$

构造一个形如 $x \cdot z - f(x)$ 的函数，可得

$$\frac{\mathrm{d}(xz - f)}{\mathrm{d}z} = x + z\frac{\mathrm{d}x}{\mathrm{d}z} - \frac{\mathrm{d}f}{\mathrm{d}z} \tag{3.5}$$

将式（3.3）和式（3.4）代入式（3.5），可得式（3.6），即为 $f(x)$ 的勒让德变换形式。

$$g(z) = xz - f(x) \tag{3.6}$$

一般地，设 $x = h(z)$，则 $g(z) = h(z) \cdot z - f(h(z))$，根据式（3.2）和式（3.3）可知，$h(z)$ 通常可取 $\left(\dfrac{\mathrm{d}f}{\mathrm{d}x}\right)^{-1}$。上述构造法是一个标准构造方法，但并不是唯一构造方法。比如函数 $f(x) - x \cdot z$ 也是一个可行的构造。然而在本书中，只考虑标准构造。

综上所述，求取函数 $f(x)$ 勒让德变换的基本步骤分为如下三步

步骤 1: 求得函数 $f(x)$ 的导函数 $\dfrac{\mathrm{d}f}{\mathrm{d}x}$，令 $\dfrac{\mathrm{d}f}{\mathrm{d}x} = z$。

步骤 2: 找到函数 $f(x)$ 的导函数的反函数 $\left(\dfrac{\mathrm{d}f}{\mathrm{d}x}\right)^{-1}$，记为 $h(z)$。

步骤 3: 则函数 $f(x)$ 勒让德变换为 $g(z) = h(z) \cdot z - f(h(z))$。

从另外一个角度来看，勒让德变换本质上描述了一种对偶变量之间的变换。在一维函数中勒让德变换描述了点与线之间对偶性关系，如图 3.1 所示。由图可知，勒让德变换给出了一种从函数 $f : x \rightarrow y$ 转化到函数 $g : z \rightarrow (zx - f(x))$ 上到变换 (其中，$z = \dfrac{\mathrm{d}f}{\mathrm{d}x}$ 表示函数 f 在 x 点处的导数，$g(z) = (zx - f(x))$ 表示切线在 y 轴上到截距)，从而实现了从点空间值 x 到值 y 的函数转换为对偶空间 $f(x)$ 在 x 处的导数到 x 点处切线在 y 轴上截距的函数。

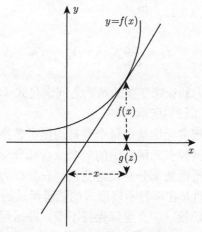

图 3.1　一元函数勒让德变换本质

根据勒让德变换的本质，很容易把上述过程推广到多元严格凸函数上。假设

存在 n 个变量的函数 $f(x_1, x_2, \cdots, x_n)$，函数 f 满足二阶以上连续可微的性质，此时取一组新的变量，即

$$z_i = \frac{\partial f}{\partial x_i}, \quad i = 1, \cdots, n \tag{3.7}$$

则 z_i 为原变量 x_i 的一组对偶变换，其雅可比行列式需满足的条件如下

$$\left\| \frac{\partial z_i}{\partial x_i} \right\| = \left\| \frac{\partial^2 f}{\partial x_i \partial x_j} \right\| \neq 0 \tag{3.8}$$

根据式（3.7），可以反解出

$$x_i = x_i(z_1, z_2, \cdots, z_n), \quad i = 1, \cdots, n \tag{3.9}$$

此时，构造一个新函数如式（3.10）所示，该函数记为函数 f 的勒让德变换。

$$g(z) = \sum_{i=1}^{n} z_i x_i - f \tag{3.10}$$

将式（3.10）左右两端同时取全微分可得

$$dg = \sum_{i=1}^{n} (z_i dx_i + x_i dz_i) - \sum_{i=1}^{n} \frac{\partial f_i}{\partial x_i} dx_i \tag{3.11}$$

将式（3.7）代入式（3.11）得

$$x_i = \frac{\partial g}{\partial z_i}, \quad i = 1, \cdots, n \tag{3.12}$$

综上可知，两个互为勒让德变换的函数之间满足式（3.10），变量之间的对应关系如式（3.7）和式（3.12）所示。

上述内容描述的是把多元函数中每个变量均做了替换，即实现了多变量函数完全勒让德变换。当只换掉多元函数中的一个或者部分变量时，也构成一种勒让德变换，即实现了多变量函数部分勒让德变换。在分析力学中，从拉格朗日形式导出哈密顿形式，其本质是在两种不同形式的能量函数的变换。在该变换过程中，将广义速度变换为广义动量，广义坐标保持不变，即运用多变量函数部分勒让德变换完成的。因此，本章将在多变量函数部分勒让德变换形式化建模，以及哈密顿力学高阶逻辑形式化推导过程中对多变量函数部分勒让德变换进行详细的阐述。

3.2 一元函数勒让德变换形式化模型及固有属性的证明策略

结合 3.1 节给出的一元函数勒让德变换原理，本节将详细阐述一元函数勒让德变换的形式化建模过程及其相关属性的高阶逻辑证明。由式（3.6）可定义一元函数 f 的勒让德变换如下

$$\mathscr{L}f \equiv zg(z) - f(g(z)) \tag{3.13}$$

其中，f 表示以 x 为自变量的 $f : \mathbb{R} \to \mathbb{R}$ 一元函数；z 表示函数 f 的一阶微分 $\dfrac{\mathrm{d}f}{\mathrm{d}x}$；$g$ 表示函数 f 的一阶微分的反函数 $\left(\dfrac{\mathrm{d}f}{\mathrm{d}x}\right)^{-1}$，同时有 $g(z) = x$ 成立。

由上述内容可知，一元函数的勒让德变换处理的是 $f : \mathbb{R} \to \mathbb{R}$ 的映射，一元函数勒让德变换涉及到一元函数微分、反函数等相关内容。在定理证明系统 HOL-Light 中的 "derivative" 库是以 "Frechet" 微分描述矢量函数的微分定理，其中函数 has_vector_derivative 可以处理 $f : \mathbb{R}^1 \to \mathbb{R}^m$ 的映射。虽然该函数可以处理函数微分等相关问题，但与一元函数勒让德变换所处理的 $f : \mathbb{R} \to \mathbb{R}$ 型函数存在类型不同的问题。因此本节在不改变勒让德变换原本含义的情况下，采用 $f : \mathbb{R}^1 \to \mathbb{R}^1$ 型函数描述方式，通过相应的升维函数 lift 和降维函数 drop 操作来实现一元函数勒让德变换的形式化描述，其高阶逻辑形式化模型如下

定义 3.1 (legendre_trans_1) 一元函数勒让德变换形式化模型

```
let legendre_trans_1 = new_definition
    `legendre_trans_1 (f:real^1->real^1) =
    (\y. lift(y * (inverse (\x. (vector_derivative f (at x))))(y))-
    f((inverse (\x. (vector_derivative f (at x))))(y)))`;;
```

其中，(vector_derivative f (at x)) 表示函数 f 的一阶微分 $\dfrac{\mathrm{d}f}{\mathrm{d}x}$；函数 inverse 表示输入参数函数 $(\lambda x.\,(\text{vector\_derivative}\ f\ (\text{at}\ x)))(y)$ 的反函数。

为了验证上述一元函数勒让德变换形式化定义是否正确，本节将根据一元函数勒让德变换本质，通过高阶逻辑推导，证明其固有属性的成立来体现勒让德变换定义 3.1 的正确性。

根据勒让德变换基本原理可知，一元函数勒让德变换所得新函数对其自变量的微分必定等于原函数的自变量。原自变量 x 和新自变量 z 是一对共轭变量，即 $\dfrac{\mathrm{d}\mathscr{L}f(x)}{\mathrm{d}z} = x$，且函数 f 存在二阶微分是一元函数勒让德变换成立的条件之一。由于勒让德变换定义中还涉及了反函数，所以反函数的存在条件也必定是勒让德变换成立的条件。综上分析，一元函数勒让德变换成立有以下两个条件。

条件 1: 函数 f 存在二阶微分且二阶微分连续;

条件 2: 函数 f 的二阶微分不等于 0 (一阶微分的反函数 g 存在条件), 即 $\dfrac{\mathrm{d}^2 f}{\mathrm{d}x^2} \neq 0$。

基于上述两个条件, 本节形式化验证一元函数勒让德变换的固有属性 $\dfrac{\mathrm{d}\mathscr{L}f(x)}{\mathrm{d}z} = x$, 该属性描述的是对于存在任意函数值不为 0 的连续二阶微分函数 f 的自变量和经过勒让德变换后函数 $\mathscr{L}f(x)$ 的自变量是一对共轭变量, 其可形式化模型见属性 3.1。通过形式化证明该固有属性的成立, 从而验证一元函数 f 在全域上的勒让德变换成立。

属性 3.1 (LEGENDRE_TRANS_1_DERIVATIVE) 一元函数勒让德变换固有属性 $\dfrac{\mathrm{d}\mathscr{L}f(x)}{\mathrm{d}z} = x$

```
⊢ !f:real^1->real^1 f' f'' x.
  (!x:real^1. (f has_vector_derivative f' x) (at x)) /\
  (!x:real^1. (f' has_vector_derivative f'' x) (at x)) /\
  (!x:real^1. f'' continuous (at x)) /\
  (!x:real^1. ~(f'' x = vec 0))
  ==> vector_derivative (legendre_trans_1 f) (at (f' x)) = x
```

属性 3.1 的高阶逻辑推导证明过程完全体现了一元函数勒让德变换的数学原理。为了深入理解一元函数勒让德变换, 对该属性的高阶逻辑形式化证明策略阐述如下:

根据一元函数勒让德变换的定义 3.1 重写目标, 数学表达形式为

$$\frac{\mathrm{d}(zg(z) - f(g(z)))}{\mathrm{d}z}$$

结合属性 3.1 所涉及的一元函数二阶可微连续、反函数等内容, 该属性还隐含 3 个需要推导证明的条件;

隐含条件 1: 函数 f 的一阶微分 f' 是单射函数, 即 $\forall x, y.\ f'(x) = f'(y) \Rightarrow x = y$;

隐含条件 2: 一阶微分 f' 的反函数 g 成立, 即 $g(z) = x$;

隐含条件 3: 反函数 g 一阶可微, 且其一阶微分 g' 是二阶微分 f'' 的反函数。

以上三个隐含条件是相互关联的, 可从上一个条件依次递进并结合其他相关定理推导得到下一个条件, 即上述隐含条件的形式化证明推导顺序不可更改。即单射条件 → 一阶微分 f' 的反函数是 g → 反函数 g 的一阶微分 g'。

步骤 1: 函数单射条件的形式化描述如条件 3.1 所示。鉴于在一般情况下直接证明一个抽象函数是单射函数相对困难,本书策略是从反证的角度分析目标,即分析目标的逆否命题。在微积分学中,罗尔定理描述了一个在 $\mathbb{R}$ 上的函数 $f(x)$ 若在开区间 (a,b) 上可导,且 $f(a)=f(b)$,那么在 (a,b) 内至少存在一点 $\epsilon\,(a\leqslant\epsilon\leqslant b)$,使得 $f'(\epsilon)=0$ 成立。在罗尔定理中,隐含的前提条件 a 小于 b 与所需证明目标的逆否命题在形式上存在一定的相似性。因此,首先将罗尔定理特殊化为定理 3.1。然后结合已知二阶微分存在的条件和原目标的前提条件,可以将待证明目标简化为如下形式:"待证目标: $x\geqslant y\Rightarrow x=y$"。最后,通过 HOL-Light 系统中的自动证明策略完成目标条件 3.1 的证明。

条件 3.1 (Condition1) 一元函数单射条件

```
⊢ !x y. ((f':real^1 -> real^1) x = f' y) ==> (x = y)
```

定理 3.1 罗尔定理特殊化

```
⊢ !f' f'' x y.
 drop x < drop y /\ drop (f' x) < drop (f' y) /\
 (!c. c IN real_interval [drop x,drop y] ==>
 ((\c. drop (f'(lift c))) has_real_derivative drop(f''(lift c)))
 (atreal c within real_interval [drop x,drop y])) ==>
 (?c. c IN real_interval (drop x,drop y) /\ drop (f'' (lift c))=0)
```

步骤 2: 一阶微分 f' 的反函数 g 的性质 $g(z)=x$ 形式化描述如条件 3.2 所示。依照隐含条件1函数 f 的一阶微分 f' 是单射函数成立,结合反函数 $\forall x.\,(\forall a\,b.\,f'(a)=f'(b)\Rightarrow a=b)\Leftrightarrow f'^{-1}(f'(x))=x$ 的性质和反函数定义 $g(z)=g\left(\dfrac{\mathrm{d}f}{\mathrm{d}x}\right)=f'^{-1}(f'(x))=x$,可实现该目标的证明。

条件 3.2 (Condition2) 一阶微分 f' 的反函数 g 的性质 $g(z)=x$ 条件

```
⊢ !x. inverse (f':real^1 -> real^1) (f' x) = x
```

步骤 3: 反函数 g 的一阶微分 g' 是二阶微分 f'' 的反函数可形式化描述如条件 3.3 所示。一阶微分 g' 是二阶微分 f'' 的反函数的核心思想为根据隐含条件2,即 $g(z)=x$,结合反函数定义以及实数域上的反函数求导定理即可得证。

条件 3.3 (Condition3) 反函数 g 的一阶微分 g' 是二阶微分 f'' 的反函数条件

```
⊢ !x.((g:real^1 -> real^1) has_vector_derivative lift
```

```
(inv (drop (f'' x))))
(at ((f':real^1 -> real^1) x))
```

至此，一元函数勒让德变换的属性 $\dfrac{\mathrm{d}Lf(x)}{\mathrm{d}z} = x$（属性 3.1）的隐含关键条件均已证明完毕。在所有已知条件和隐含条件成立的前提下，根据 3.1 节中一元函数勒让德变换原理中的推导，结合 HOL-Light 定理证明器微分库中函数乘积的求微分法则、微分链式法则等定理实现属性 3.1 的形式化证明，完成一元函数勒让德变换的形式化建模与验证工作。

3.3　多元函数勒让德变换的形式化建模

一般来说，在实际的数学模型和物理模型中得到广泛应用的是多元函数勒让德变换。多元函数勒让德变换主要分为完全勒让德变换和部分勒让德变换两种。完全勒让德变换目的是将某个函数及其全部自变量转换为另外一个新函数与新自变量。部分勒让德变换目的是将某个函数及其一部分自变量转换为另外一个新函数与一部分新自变量。本节将对上述两种勒让德变换的形式化建模过程进行阐述。

3.3.1　完全勒让德变换的形式化模型及固有属性证明策略

根据 3.1 节给出的勒让德变换原理，多元函数 f 的完全勒让德变换数学定义如下

$$\mathscr{L}f \equiv \sum_{i=1}^{n} z_i x_i - f = zg(z) - f(g(z)) \tag{3.14}$$

其中，符号 "$\mathscr{L}$" 表示勒让德变换；f 表示一个以 x 为自变量 $(x \in \mathbb{R}^n)$ 的多元函数，其函数值是一个实数，即函数 f 是一个 $\mathbb{R}^n \to \mathbb{R}$ 的映射；z 表示函数 f 的偏微分，即 $z = \left(\dfrac{\partial f}{\partial x_1}, \dfrac{\partial f}{\partial x_2}, \cdots, \dfrac{\partial f}{\partial x_n} \right), z \in \mathbb{R}^n$；$g$ 表示函数 f 的一阶微分的反函数，即 $g = \left(\dfrac{\mathrm{d}f}{\mathrm{d}x} \right)^{-1} = \left(\lambda x. \left(\dfrac{\partial f}{\partial x_1}, \dfrac{\partial f}{\partial x_2}, \cdots, \dfrac{\partial f}{\partial x_n} \right) \right)^{-1}$，同时 $g(z) = x$ 成立。

由上述数学定义可知，$\mathscr{L}f$ 是一个以 z 为自变量的函数，由此实现了自变量的变换但同时不改变原函数所表达内容的新函数表达形式。

因为 z 和 $g(z)$ 都是 n 维向量，$zg(z)$ 之间是向量点积运算的关系。为了更直观体现 $zg(z)$ 的含义，多元函数 f 完全勒让德变换定义的另外一种描述形式为

$$\mathscr{L}f(x) \equiv \sum_{i=1}^{n} z_i g(z)_i - f(g(z)) \tag{3.15}$$

在 HOL-Light 定理证明器中，"derivative" 微分库中的 "Frechet" 微分主要针对 $\mathbb{R}^n \to \mathbb{R}^m$ 类型向量函数进行操作。与勒让德变换所处理的 $\mathbb{R}^n \to \mathbb{R}$ 函数存在类型不同问题。因此在不改变勒让德变换的原本含义的情况下，采用了 $\mathbb{R}^n \to \mathbb{R}^1$ 的函数描述方式，通过相应的升维函数 lift 和降维函数 drop 操作实现多元函数完全勒让德变换的形式化描述，其高阶逻辑形式化模型如下

定义 3.2 (legendre_trans_full) 多元函数完全勒让德变换模型

```
let legendre_trans_full = new_definition
    `legendre_trans_full (f:real^N -> real^1) =
    (\y. lift(y dot (inverse (\x. (jacobian f (at x))$1))(y)) -
    f((inverse (\x. (jacobian f (at x))$1))(y)))`;;
```

其中，(jacobian f (at x))\$1 表示函数 f 的一阶偏微分 $\left(\dfrac{\partial f}{\partial x_1}, \dfrac{\partial f}{\partial x_2}, \cdots, \dfrac{\partial f}{\partial x_n}, \right)$ 构成的函数向量；函数 inverse 用来表示输入参数函数的反函数。

为证明多元函数完全勒让德变换的形式化定义是否正确，可根据多元函数完全勒让德变换本质，通过形式化证明其固有属性的成立来体现完全勒让德变换定义 3.2 的正确性。

根据勒让德变换基本原理可知，多元函数完全勒让德变换所得新函数对其自变量的偏微分必定等于原函数的自变量。原自变量 $\boldsymbol{x}$ 和新自变量 $\boldsymbol{z}$ 是一对共轭变量，即 $\dfrac{\mathrm{d}\mathscr{L}f(\boldsymbol{x})}{\mathrm{d}\boldsymbol{z}} = \boldsymbol{x}$，其在数学上另外一种等价描述为

$$\left(\frac{\partial \mathscr{L}f(\boldsymbol{x})}{\frac{\partial f}{\partial \boldsymbol{x}}} \right)_i = \left(\frac{\partial \mathscr{L}f(\boldsymbol{x})}{\partial \boldsymbol{z}} \right)_i = x_i, \quad i = 1, 2, \cdots, n \tag{3.16}$$

从式（3.16）可知，函数 f 存在二阶偏微分是多元函数完全勒让德变换成立的条件之一。此外，勒让德变换定义中还涉及到了反函数，所以反函数的存在条件也必定是勒让德变换成立的条件。综上分析，多元函数完全勒让德变换成立的条件有以下三个：

条件 1: 函数 f 存在二阶偏微分且二阶偏微分连续；

条件 2: 函数 f 的二阶偏微分的行列式值不等于 0(一阶微分的反函数 g 存在条件)，即 $\left| \dfrac{\partial^2 f}{\partial x_i \partial x_j} \right| \neq 0$；

条件 3: 函数 f 的二阶偏微分是单射函数 (反函数 $g(\boldsymbol{z}) = \boldsymbol{x}$ 成立条件)，即 $\forall \boldsymbol{x}, \boldsymbol{y} \in \mathbb{R}^n, \dfrac{\partial^2 f}{\partial x_i \partial x_j} = \dfrac{\partial^2 f}{\partial y_i \partial y_j} \Rightarrow \boldsymbol{x} = \boldsymbol{y}$。

　　基于上述三个条件，本节将形式化验证多元函数完全勒让德变换的固有属性 $\dfrac{\mathrm{d}\mathscr{L}f(\boldsymbol{x})}{\mathrm{d}z} = \boldsymbol{x}$，该属性描述的是对于存在行列式不为 0 的连续单射二阶偏微分的函数 f 的自变量和经过完全勒让德变换后函数 $\mathscr{L}f(\boldsymbol{x})$ 的自变量是一对共轭变量。其可形式化描述为属性 3.2。通过形式化证明该固有属性对成立，从而验证多元函数 f 在全域上的完全勒让德变换模型的正确性。

　　属性 3.2 (FULL_LEGENDRE_TRANS_DERIVATIVE)　*多元函数完全勒让德变换固有属性* $\dfrac{\mathrm{d}\mathscr{L}f(\boldsymbol{x})}{\mathrm{d}z} = \boldsymbol{x}$

```
⊢ !f:real^N -> real^1 f' f'' x.
  (!p:real^N. (f has_derivative f' p)(at p)) /\          ①
  (!p:real^N j. 1 <= j /\ j <= dimindex(:N) ==>
   ((\p. f' p (basis j)) has_derivative f'' j p)(at p)) /\  ②
  (!p j k. 1 <= j /\ j <= dimindex(:N) /\ 1 <= k /\
   k <= dimindex(:N) ==>
   (\p. f'' j p (basis k)) continuous at p) /\            ③
  (!p x y j. 1 <= j /\ j <= dimindex(:N) /\
   f'' j p x = f'' j p y ==> x = y) /\                    ④
  (!p. ~(det((\ i j.
   drop(f'' i p (basis j))):real^N^N) = &0)) ==>          ⑤
  (jacobian (legendre_trans_full f)
   (at ((jacobian f (at x))$1)))$1 = x                    ⑥
```

　　其中，$f'\,p$ 表示多元函数 f 的一阶微分 $\dfrac{\mathrm{d}f}{\mathrm{d}\boldsymbol{x}}$；$f'\,p\,(\text{basis}\,i)$ 表示函数 f 对第 i 个

元素的一阶偏微分 $\dfrac{\partial f}{\partial p_i}$；$f''\,j\,p$ 表示函数 f 的二阶微分 $\dfrac{\mathrm{d}\frac{\partial f}{\partial p_j}}{\mathrm{d}\boldsymbol{p}}$；$f''\,j\,p\,(\text{basis}\,i)$

表示函数 f 二阶偏微分 $\dfrac{\partial^2 f}{\partial p_j \partial p_i}$；① 和 ② 表示多元函数 f 存在二阶偏微分；

③ 表示多元函数 f 二阶偏微分连续；④ 表示函数 f 的二阶偏微分是单射函数；

⑤ 表示函数 f 的二阶偏微分的行列式值不等于 0；⑥ 表示固有属性 $\dfrac{\mathrm{d}\mathscr{L}f(\boldsymbol{x})}{\mathrm{d}z} = \boldsymbol{x}$。

　　属性 3.2 的高阶逻辑推导证明过程完全体现了多元函数完全勒让德变换的数学原理及其推导过程。为了深入理解多元函数完全勒让德变换，对该属性的高阶逻辑形式化证明策略阐述如下。

　　根据多元函数完全勒让德变换的定义 3.2 重写目标，则有 $\dfrac{\mathrm{d}(zg(z) - f(g(z)))}{\mathrm{d}z}$

的数学表达形式。结合属性 3.2 所涉及的二阶偏微分、连续函数、单射、反函数等内容，该属性有四个主要需要推导证明的隐含条件。

隐含条件 1: 函数 f 的一阶微分 f' 是单射函数，即 $\forall x, y \in \mathbb{R}^n. 1 \leqslant i \wedge i \leqslant n \wedge \dfrac{\partial f'}{\partial x_i} = \dfrac{\partial f'}{\partial y_i} \Rightarrow x = y$;

隐含条件 2: 一阶微分 f' 的反函数 g 成立，即 $g(z) = x$;

隐含条件 3: 存在一个函数 g' 使得 g' 等于函数 f 的二阶微分 f'' 的反函数，即 $\dfrac{\mathrm{d}g(z)}{\mathrm{d}z} = \left(\dfrac{\mathrm{d}^2 f(x)}{\mathrm{d}x^2} \right)^{-1}$, $\forall x \in \mathbb{R}^n. g'(f''(x)) = x \wedge \forall z \in \mathbb{R}^n. f''(g'(z)) = z$;

隐含条件 4: 反函数 g 一阶可微，且其一阶微分 g' 是二阶微分 f'' 的反函数。

以上四个隐含条件是相互关联的，可从上一个条件依次递进并结合 HOL-Light 系统中多元函数微分库以及排列库中的雅可比矩阵、反函数等相关定理推导得到下一个条件，即上述条件的形式化证明推导顺序不可更改。即单射条件 $\to$ 一阶微分 f' 的反函数 $g \to$ 二阶微分 f'' 的反函数的存在性 $\to$ 反函数 g 的一阶微分 g'。

下面将依次阐述四个隐含条件的形式化描述及证明步骤:

步骤 1: 函数单射条件形式化描述如条件 3.4 所示。鉴于在一般情况下直接证明一个抽象函数是单射函数的相对困难，本书策略是从反证的角度分析目标，即分析目标的逆否命题。在微积分学中，多元函数中值定理描述了一个函数 $f(x)$ 若在开区间 (a, b) 上可导，那么在 (a, b) 内至少存在一点 ϵ（$a \leqslant \epsilon \leqslant b$），使得 $f(a) - f(b) = f'(\epsilon)(b - a)$ 成立。在中值定理中的隐含的前提条件 $a \neq b$ 和结论 $f(a) - f(b) = f'(\epsilon)(b - a)$ 与所需证明目标的逆否命题在形式上存在一定的相似性。因此，将中值定理特殊化为定理 3.2。根据已有的二阶微分存在的条件可以将待证明目标简化为如下形式: "待证目标: $\exists \epsilon. \epsilon \in (x, y) \wedge f''(\epsilon)(y - x) = 0 \Rightarrow x = y$"。最后，通过二阶微分 f'' 的单射条件和线性性质完成目标条件 3.4 的证明。

条件 3.4 (Condition1:"f'inj") 函数单射条件

```
⊢ !x y j.
  1 <= j /\ j <= dimindex(:N) /\
  ((\p. (f':real^N -> real^N -> real^1) p (basis j)) x =
  (\p. f' p (basis j)) y) ==> (x = y)
```

定理 3.2 中值定理特殊化

```
⊢ !f' f'' x y. ~(x1 = y1) /\ (!x. x IN segment [x1,y1] ==>
```

```
((\p. f' p (basis j)) has_derivative (\p x. f'' j p x) x)
  (at x within segment (x1,y1))) ==>
(?c. c IN segment (x1,y1) /\
  (\p. f' p (basis j)) y1 - (\p. f' p (basis j)) x1 =
  (\p x. f'' j p x) c (y1 - x1))
```

步骤 2: 一阶微分 f' 的反函数 g 的性质 $g(z) = x$ 形式化描述如条件 3.5 所示。依照隐含条件 1 函数 f 一阶微分 f' 是单射函数成立,与反函数 $\forall x. (\forall a\ b.\ f'(a) = f'(b) \Rightarrow a = b) \Leftrightarrow f'^{-1}(f'(x)) = x$ 的性质和反函数定义 $g(z) = g\left(\dfrac{\mathrm{d}f}{\mathrm{d}x}\right) = f'^{-1}(f'(x)) = x$ 相结合,可实现该目标的证明。

条件 3.5 (Condition2:"geq") 一阶微分 f' 的反函数 g 的性质 $g(z) = x$ 条件

```
⊢ !x. inverse (\p. (\j. drop(f' p (basis j)))):real^N
  (((\j. drop((f':real^N -> real^N -> real^1) x (basis j)))):real^N)
  = x
```

步骤 3: 二阶微分 f'' 的反函数的存在性的形式化描述如条件 3.6 所示。该目标的证明可通过反函数存在条件完成,即通过已有的二阶微分的行列式不等于 0 的条件 $\left|\dfrac{\partial^2 f}{\partial x_i \partial x_j}\right| \neq 0$ 与目标的等价性定理,直接实现其证明。

条件 3.6 (Condition3:"g'exi") 二阶微分 f'' 的反函数的存在性条件

```
⊢ !p. ?g'. linear g' /\ ((\p. (\x. (\i.
  drop((f'':num -> real^N -> real^N -> real^1) i p x)):real^N)) p)
  o g' = I /\ g' o ((\p. (\x. (\i.
  drop((f'':num -> real^N -> real^N -> real^1) i p x)):real^N)) p)
  = I
```

步骤 4: 反函数 g 的一阶微分 g' 是二阶微分 f'' 的反函数形式化描述如条件 3.7 所示。根据隐含条件 2,即 $g(z) = x$,可知 $\dfrac{\partial g(z)_j}{\partial z_i} = \dfrac{\partial x_j}{\partial z_i}, 1 \leqslant i, j \leqslant n$,结合 $z_i = \dfrac{\partial f}{\partial x_i}, 1 \leqslant i \leqslant n$、反函数定义、反函数求导定理 (定理 3.3) 使得 $\left(\dfrac{\partial x_j}{\partial z_i}\right)^{-1} = \dfrac{\partial z_i}{\partial x_j} = \dfrac{\partial^2 f}{\partial x_i \partial x_j}, 1 \leqslant i, j \leqslant n$ 成立,从而得证。

条件 3.7 (Condition4:"gdif") 反函数 g 的一阶微分 g' 是二阶微分 f'' 的反函数条件

```
⊢ !x.((g:real^N->real^N) has_derivative (g' x))
  (at (((\p. (\ j. drop((f':real^N -> real^N -> real^1) p
   (basis j))):real^N) x))
```

定理 3.3 *反函数求导*

```
⊢ !f g f' g' x.
  f continuous_on (:real^N) /\ (!x.  g (f x) = x) /\
  (f has_derivative f') (at x) /\ f' o g' = I
  ==> (g has_derivative g') (at (f x))
```

在所有已知条件和隐含条件成立的前提下，根据式（3.17）所描述的数学推导过程，结合 HOL-Light 定理证明系统 "derivative" 定理库中求微分法则、微分链式法则等定理实现属性 3.2 的形式化证明，从而完成多元函数完全勒让德变换的形式化工作。

$$
\begin{aligned}
\frac{\mathrm{d}\mathscr{L}f(\boldsymbol{x})}{\mathrm{d}\boldsymbol{z}} &= \frac{\mathrm{d}(\boldsymbol{z} \cdot g(\boldsymbol{z}) - f(g(\boldsymbol{z})))}{\mathrm{d}\boldsymbol{z}} \\
&= \boldsymbol{z}\frac{\mathrm{d}g(\boldsymbol{z})}{\mathrm{d}\boldsymbol{z}} + g(\boldsymbol{z}) - \frac{\mathrm{d}f}{\mathrm{d}g(\boldsymbol{z})}\frac{\mathrm{d}g(\boldsymbol{z})}{\mathrm{d}\boldsymbol{z}} \\
&= \boldsymbol{z}\frac{\mathrm{d}\boldsymbol{x}}{\mathrm{d}\boldsymbol{z}} + \boldsymbol{x} - \frac{\mathrm{d}f(\boldsymbol{x})}{\mathrm{d}\boldsymbol{x}}\frac{\mathrm{d}\boldsymbol{x}}{\mathrm{d}\boldsymbol{z}} = \boldsymbol{z}\frac{\mathrm{d}\boldsymbol{x}}{\mathrm{d}\boldsymbol{z}} + \boldsymbol{x} - \frac{\mathrm{d}\boldsymbol{x}}{\mathrm{d}\boldsymbol{z}} \\
&= \boldsymbol{x}
\end{aligned}
\tag{3.17}
$$

3.3.2 部分勒让德变换的形式化模型及固有属性证明策略

多元函数部分勒让德变换与完全勒让德变换数学原理基本相同，最大的区别在于部分勒让德变换只换掉多元函数中的一个变量或者一部分变量。虽然两种勒让德变换的数学基本原理相同，但是在高阶逻辑形式化过程中，部分勒让德变换与完全勒让德变换相比将会面对处理表达形式完全不同的函数类型，需要更多的证明技巧。完全勒让德变换处理的函数是 $\mathbb{R}^n \to \mathbb{R}$ 的函数 $f(\boldsymbol{x})$，$\boldsymbol{x} \in \mathbb{R}^n$，而部分勒让德变换需要处理的函数是 $\mathbb{R}^{(n+m)} \to \mathbb{R}$ 的函数 $f(\boldsymbol{x}, \boldsymbol{u})$，$\boldsymbol{x} \in \mathbb{R}^n$，$\boldsymbol{u} \in \mathbb{R}^m$。

部分勒让德变换只变换多元函数 $f(\boldsymbol{x}, \boldsymbol{u})$ 两组独立自变量中的一组，首先，将变量 $\boldsymbol{x}$ 变换为其对应共轭变量 $\boldsymbol{z}$。变换后所得函数 $\mathscr{L}f$ 的自变量为 $(\boldsymbol{z}, \boldsymbol{u})$，其数学定义为

$$\mathscr{L}f(\boldsymbol{x},\boldsymbol{u}) \equiv \boldsymbol{x}\boldsymbol{z} - f(\boldsymbol{x},\boldsymbol{u})$$

$$= \boldsymbol{z} \cdot [g(\boldsymbol{z},\boldsymbol{u})]_1 - f(g(\boldsymbol{z},\boldsymbol{u})) \tag{3.18}$$

$$= \sum_{i=1}^{n} z_i \cdot [g(\boldsymbol{z},\boldsymbol{u})]_{1i} - f(g(\boldsymbol{z},\boldsymbol{u})), \quad \boldsymbol{x},\boldsymbol{z} \in \mathbb{R}^n,\ \boldsymbol{u} \in \mathbb{R}^m$$

其中，$\boldsymbol{z}$ 等于 $\dfrac{\partial f(\boldsymbol{x},\boldsymbol{u})}{\partial \boldsymbol{x}}$。

$f(\boldsymbol{x},\boldsymbol{u})$ 对自变量 $\boldsymbol{x}$ 的一阶偏微分，所得函数可描述为 $\left(\dfrac{\partial f(\boldsymbol{x},\boldsymbol{u})}{\partial \boldsymbol{x}},\boldsymbol{u}\right)$ 的反函数，记作 $g(\boldsymbol{z},\boldsymbol{u})$，即有 $g(\boldsymbol{z},\boldsymbol{u}) = (\boldsymbol{x},\boldsymbol{u})$。本书用符号 $[g(\boldsymbol{z},\boldsymbol{u})]_1$ 标记反函数值 $\boldsymbol{x}$、$[g(\boldsymbol{z},\boldsymbol{u})]_2$ 标记反函数值 $\boldsymbol{u}$。

其次，将变量 $\boldsymbol{u}$ 变换为其对应共轭变量 $\boldsymbol{z}$。变换后所得函数 $\mathscr{L}f$ 的自变量为 $(\boldsymbol{x},\boldsymbol{z})$，其数学定义为

$$\mathscr{L}f(\boldsymbol{x},\boldsymbol{u}) \equiv \boldsymbol{u}\boldsymbol{z} - f(\boldsymbol{x},\boldsymbol{u})$$

$$= \boldsymbol{z} \cdot [g(\boldsymbol{x},\boldsymbol{z})]_2 - f(g(\boldsymbol{x},\boldsymbol{z})) \tag{3.19}$$

$$= \sum_{i=1}^{m} z_i \cdot [g(\boldsymbol{x},\boldsymbol{z})]_{2i} - f(g(\boldsymbol{x},\boldsymbol{z})), \quad \boldsymbol{x},\boldsymbol{z} \in \mathbb{R}^n,\ \boldsymbol{u} \in \mathbb{R}^m$$

其中，$\boldsymbol{z}$ 等于 $\dfrac{\partial f(\boldsymbol{x},\boldsymbol{u})}{\partial \boldsymbol{u}}$。

$f(\boldsymbol{x},\boldsymbol{u})$ 对 $\boldsymbol{u}$ 进行一阶偏微分，所得函数可描述为 $\left(\boldsymbol{x},\dfrac{\partial f(\boldsymbol{x},\boldsymbol{u})}{\partial \boldsymbol{u}}\right)$ 的反函数，记作 $g(\boldsymbol{x},\boldsymbol{z})$，即有 $g(\boldsymbol{x},\boldsymbol{z}) = (\boldsymbol{x},\boldsymbol{u})$。

通过多元函数部分勒让德变换两种定义可知，待变换函数 f 的自变量类型为两个向量的组合。基于 HOL-Light 系统 "CART" 理论库中 "(A,B)finite_sum" 向量类型以及关于 "$A+B$" 维向量的构造与析构函数 (见表 2.2) 和 "$A+B$" 维向量函数的构造与析构函数 (见表 3.1)，构建式 (3.18) 和式 (3.19) 所示的多元函数部分勒让德变换形式化模型。

表 3.1　"$A+B$" 维向量函数构造与析构函数

名称	定义	用途
fpt	fpt = fun_map_2 (pastecart)	构造
fstfpt	fstfpt y = fstcart o y	析构
sndfpt	sndfpt y = sndcart o y	析构

变换前 "m" 维的多元函数部分勒让德变换的形式化模型如定义 3.3 所示，变

换后 "n" 维的多元函数部分勒让德变换的形式化模型如定义 3.4 所示。

定义 3.3 (legendre_trans_part1) 多元函数部分勒让德变换模型: 变换前 "m" 维

```
let legendre_trans_part1 = new_definition
    `legendre_trans_part1 (f:real^(M,N)finite_sum -> real^1) =
(\y. lift((fstcart y) dot fstcart((inverse
(\x. pastecart (fstcart(jacobian f (at x)$1))(sndcart x))) y))-
f((inverse (\x. pastecart
(fstcart(jacobian f (at x)$1)) (sndcart x))) y))`;;
```

定义 3.4 (legendre_trans_part2) 多元函数部分勒让德变换模型: 变换后 "n" 维

```
let legendre_trans_part2 = new_definition
    `legendre_trans_part2 (f:real^(M,N)finite_sum -> real^1) =
(\y. lift((sndcart y) dot sndcart((inverse
(\x. pastecart (fstcart x)
(sndcart(jacobian f (at x)$1)))) y)) -
f((inverse (\x. pastecart
(sndcart x)sndcart(jacobian f (at x)$1)))) y))`;;
```

通过证明勒让德变换固有属性，可以间接验证多元函数部分勒让德变换的形式化模型的正确性。部分勒让德变换固有属性表现为，变换所得函数对新自变量的偏微分必定等于原函数自变量与原函数偏微分的负数组合。为验证多元函数的前 "m" 维部分勒让德变换的形式化模型（定义 3.3）的正确性，需证明其固有属性 (式 (3.20)) 成立。为验证多元函数的后 "n" 维部分勒让德变换的形式化模型（定义 3.4）的正确性，需证明其固有属性 (式 (3.21)) 成立。

$$\frac{\mathrm{d}\mathscr{L}f(\boldsymbol{x},\boldsymbol{u})}{\mathrm{d}(\boldsymbol{z},\boldsymbol{u})} = \left(\boldsymbol{x}, -\frac{\partial f(\boldsymbol{x},\boldsymbol{u})}{\partial \boldsymbol{u}}\right) \tag{3.20}$$

$$\frac{\mathrm{d}\mathscr{L}f(\boldsymbol{x},\boldsymbol{u})}{\mathrm{d}(\boldsymbol{x},\boldsymbol{z})} = \left(-\frac{\partial f(\boldsymbol{x},\boldsymbol{u})}{\partial \boldsymbol{x}}, \boldsymbol{u}\right) \tag{3.21}$$

下面将以多元函数前 "m" 维部分勒让德变换为例，详细阐述其固有属性的高阶逻辑证明策略，从而证明前 "m" 维部分勒让德变换形式化模型（定义 3.3）的正确性。多元函数后 "n" 维部分勒让德变换的固有属性同理可证，证明过程本书不再赘述。

为了便于构建高阶逻辑定理证明的目标，将式 (3.20) 改写为

$$\frac{\partial \mathscr{L}f(\boldsymbol{x},\boldsymbol{u})}{\partial z} = \boldsymbol{x} \wedge \frac{\partial \mathscr{L}f(\boldsymbol{x},\boldsymbol{u})}{\partial u}$$

$$= -\frac{\partial f(\boldsymbol{x},\boldsymbol{u})}{\partial u} \tag{3.22}$$

对式（3.22）进行详细分析可知，部分勒让德变换成立的条件与完全勒让德变换成立的条件相似，但需将被变换的变量限定在 $\boldsymbol{x}$ 上，同时在完全勒让德变换成立条件基础上需新增如下两个条件。

条件 1: 函数 f 两组自变量相互独立，即其二阶偏微分为 0，即 $\dfrac{\partial^2 f(\boldsymbol{x},\boldsymbol{u})}{\partial \boldsymbol{x} \partial \boldsymbol{u}} = 0$;

条件 2: 函数 f 的一阶偏微分 $\left(\dfrac{\partial f(\boldsymbol{x},\boldsymbol{u})}{\partial \boldsymbol{x}}, \boldsymbol{u}\right)$ 在 $(\boldsymbol{x},\boldsymbol{u})$ 的邻域上收敛 (凸函数条件)。

基于式（3.22）及对其分析得到的前提条件，多元函数前 "m" 维部分勒让德变换固有属性可以高阶逻辑形式化描述如属性 3.3 所示，即存在一个行列式不为 0 的具有二阶偏微分且满足单射条件的连续函数 f，该函数的自变量 $\boldsymbol{x}$ 和经过部分勒让德变换后函数 $\mathscr{L}f(\boldsymbol{x},\boldsymbol{u})$ 的自变量 z 是一对共轭变量，同时另一组自变量 $\boldsymbol{u}$ 保持不变，此时有函数 f 在全域上的部分勒让德变换成立。

属性 3.3 (PART1_LEGENDRE_TRANS_DERIVATIVE) 前 "m" 维部分勒让德变换属性 $\dfrac{\mathrm{d}Lf(x,u)}{\mathrm{d}(z,u)} = \left(x, -\dfrac{\partial f(x,u)}{\partial u}\right)$

```
⊢ !f:real^(M,N)finite_sum -> real^1 f' f'' u:real^N x.
  (!p:real^(M,N)finite_sum. (f has_derivative f' p)(at p)) /\        ①
  (!p:real^(M,N)finite_sum j. 1 <= j /\ j <= dimindex(:M) ==>
  ((\p. f' p (basis j)) has_derivative f'' j p)(at p)) /\            ②
  (!p j k. 1 <= j /\ j <= dimindex(:M) /\ 1 <= k /\
  k <= dimindex(:M) ==>
  (\p. f'' j p (basis k)) continuous at p) /\                        ③
  (!p x y j. 1 <= j /\ j <= dimindex(:M) /\
  f'' j p x = f'' j p y ==> x = y) /\                                ④
  (!p. ~(det((lambda i j.
  drop(f'' i p (basis j))):real^M^M) = &0)) /\                       ⑤
  (!x u i j. 1 <= i /\ i <= dimindex(:M) /\
  1 <= j /\ j <= dimindex(:N) ==>
  f'' i (pastecart x u) (pastecart (vec 0) (basis j))
  = vec 0) /\                                                        ⑥
```

```
(!p e. &0 < e ==> (pastecart
 ((lambda j. drop(f' p (basis j))):real^M) (sndcart p)) IN
 interior (IMAGE (\p.pastecart ((lambda j.drop(f' p (basis j))):
 real^M)(sndcart p)) (cball(p,e)))) ==>
fstcart((jacobian (legendre_trans_part1 f)
         (at ((\p. pastecart (fstcart(jacobian f (at p)$1))
         (sndcart p)) (pastecart x u)) ))$1) = x /\           ⑦
sndcart((jacobian (legendre_trans_part1 f)
         (at ((\p. pastecart (fstcart(jacobian f (at p)$1))
         (sndcart p)) (pastecart x u)) ))$1) =
--(sndcart ((jacobian f (at (pastecart x u)))$1))           ⑧
```

其中, ① 和 ② 表示多元函数 f 存在二阶偏微分; ③ 表示多元函数 f 二阶偏微分连续; ④ 表示函数 f 的二阶偏微分是单射函数; ⑤ 表示函数 f 的二阶偏微分的行列式值不等于 0; ⑥ 表示函数 f 的一阶偏微分 $\left(\dfrac{\partial f(x,u)}{\partial x}, u\right)$ 在 (x,u) 的邻域上收敛 (凸函数条件); ⑦ 和 ⑧ 表示固有属性 $\dfrac{\partial \mathscr{L}f(x,u)}{\partial z} = x \wedge \dfrac{\partial \mathscr{L}f(x,u)}{\partial u} = -\dfrac{\partial f(x,u)}{\partial u}$。

部分勒让德变换固有属性的证明策略与完全勒让德变换的证明策略相似, 均需根据勒让德变换的定义 (定义 3.3) 重写目标, 然后根据属性 3.3 涉及的二阶偏微分、连续函数、单射、反函数等内容, 推导证明相关隐含条件, 二者相似的隐含条件如下。

隐含条件 1: 函数 f 的一阶微分 f' 是单射函数, 即 $\forall x, y_1 \in \mathbb{R}^n, u, y_2 \in \mathbb{R}^m. \left(\dfrac{\partial f'}{\partial x}, u\right) = \left(\dfrac{\partial f'}{\partial y_1}, y_2\right) \Rightarrow (x, u) = (y_1, y_2)$;

隐含条件 2: 一阶偏微分相关函数 $\left(\dfrac{\partial f(x,u)}{\partial x}, u\right)$ 的反函数 g 成立, 即 $g(z, u) = (x, u)$;

隐含条件 3: 存在一个 $\mathbb{R}^n \to \mathbb{R}^n$ 的函数 h 使得 h 等于函数 f 的二阶微分 f'' 的反函数, 即 $h = \left(\dfrac{\partial^2 f(x,u)}{\partial x^2}\right)^{-1}$;

隐含条件 4: 反函数 g 一阶可微, 且其一阶微分 g' 是二阶偏微分 f'' 的反函数与变量 u 的组合, 即 $\dfrac{\mathrm{d}g(z,u)}{\mathrm{d}(z,u)} = \left(\left(\dfrac{\partial^2 f(x,u)}{\partial x^2}\right)^{-1}, u\right)$。

以上四个隐含条件相互关联, 可从上一条件依次递进并结合其他相关定理推导得到下一条件, 即上述条件形式化证明的顺序不可更改: 单射条件 → 一阶偏微分相关函数 $\left(\dfrac{\partial f(\boldsymbol{x},\boldsymbol{u})}{\partial \boldsymbol{x}},\boldsymbol{u}\right)$ 的反函数 g → 二阶偏微分 f'' 的反函数的存在性 → 反函数 g 的一阶微分 g'。这些条件的证明思路与上一节完全勒让德变换的隐含条件的证明思路相似, 但并不完全相同。

与完全勒让德变换属性隐含条件相比, 部分勒让德变换属性的证明前提条件不同之处在于, 部分勒让德变换函数的两个自变量相互独立, 因此其反函数 g 的微分隐含如下两个条件。

隐含条件 5: 反函数 $g(\boldsymbol{z},\boldsymbol{u})$ 对变量 $\boldsymbol{u}$ 的 Frechet 微分为 $(0,\boldsymbol{u})$, 即 $\dfrac{\mathrm{d}g(\boldsymbol{z},\boldsymbol{u})}{\mathrm{d}\boldsymbol{u}}=(0,\boldsymbol{u})$;

隐含条件 6: 反函数 $g(\boldsymbol{z},\boldsymbol{u})$ 对变量 $\boldsymbol{x}$ 的 Frechet 微分为 $(\boldsymbol{x},0)$, 即 $\dfrac{\mathrm{d}g(\boldsymbol{z},\boldsymbol{u})}{\mathrm{d}\boldsymbol{x}}=(\boldsymbol{x},0)$。

下面将依次阐述六个隐含条件的形式化描述及高阶逻辑推导证明步骤。

步骤 1: f 的一阶微分 f' 是单射函数的形式化描述如条件 3.8 所示。隐含条件 1 证明过程中需要拉格朗日中值定理的变形形式, 从而适应前提条件中函数 f 对于 $\boldsymbol{x}$ 有一阶偏微分的条件。变形后的中值定理的形式化表示如定理 3.4。

条件 3.8 (Condition1:"f'inj")　函数 f 的一阶微分 f' 是单射函数

```
⊢ !x y.
  (\p. pastecart ((lambda j.
  drop((f':real^(M,N)finite_sum -> real^(M,N)finite_sum -> real^1)
  p (basis j))):real^M) (sndcart p)) x =
  (\p. pastecart ((\ j.
  drop((f':real^(M,N)finite_sum -> real^(M,N)finite_sum -> real^1)
  p (basis j))):real^M) (sndcart p)) y ==> x = y
```

定理 3.4 (LAGRANGE_MEAN_VALUE_THEOREM)　拉格朗日中值定理等价变形

```
⊢ !f:real^N -> real^M -> real^1 f' a b j.
  1 <= j /\ j <= dimindex(:M) /\ ~(a = b) /\
  (!x j. x IN segment[a,b] /\ 1 <= j /\ j <= dimindex(:M) ==>
  ((\x. f x (basis j)) has_derivative f' j x)
  (at x within segment(a,b))) ==>
  ?c. c IN segment(a,b) /\ f b (basis j) - f a (basis j) =
  f' j c (b - a)
```

步骤 2: 一阶偏微分相关函数 $\left(\dfrac{\partial f(\boldsymbol{x},\boldsymbol{u})}{\partial \boldsymbol{x}}, \boldsymbol{u}\right)$ 的反函数 g 成立条件 (即证明 $g(\boldsymbol{z},\boldsymbol{u}) = (\boldsymbol{x},\boldsymbol{u})$ 成立) 的形式化描述如条件 3.9 所示。

步骤 3: 存在一个 $\mathbb{R}^n \to \mathbb{R}^n$ 的函数 h 使得 h 等于函数 f 的二阶微分 f'' 的反函数 (即 $h = \left(\dfrac{\partial^2 f(\boldsymbol{x},\boldsymbol{u})}{\partial \boldsymbol{x}^2}\right)^{-1}$ 成立) 的形式化描述如条件 3.10 所示。

该隐含条件 2 和 3 的核心证明过程与多元函数完全勒让德变换隐含条件 2 和 3 的证明过程完全相似, 此处不再赘述。

条件 3.9 (Condition2:"geq") 一阶偏微分相关函数 $\left(\dfrac{\partial f(\boldsymbol{x},\boldsymbol{u})}{\partial \boldsymbol{x}}, \boldsymbol{u}\right)$ 的反函数 $g(\boldsymbol{z},\boldsymbol{u}) = (\boldsymbol{x},\boldsymbol{u})$

```
⊢ !p.
  inverse (\p. pastecart
  ((\j. drop((f':
   real^(M,N)finite_sum -> real^(M,N)finite_sum -> real^1)
   p (basis j))):real^M) (sndcart p)) (pastecart ((\j.
   drop(f' p (basis j)))):real^M) (sndcart p)) = p
```

条件 3.10 (Condition3:"g'exi") 存在一个 $\mathbb{R}^n \to \mathbb{R}^n$ 的函数 h 使得 h 等于函数 f 的二阶微分 f'' 的反函数

```
⊢ !p u.
  ?g'. linear g' /\ ((\p. (\x. (\ i.
  drop((f'':
  num->real^(M,N)finite_sum->real^(M,N)finite_sum->real^1) i
  (pastecart p u) (pastecart x (vec 0)))):real^M)) p) o g' = I /\
  g' o ((\p. (\x. (\ i.
   drop((f'':
   num->real^(M,N)finite_sum->real^(M,N)finite_sum->real^1) i
   (pastecart p u) (pastecart x (vec 0)))):real^M)) p) = I
```

步骤 4: 反函数 g 一阶可微, 且其一阶微分 g' 是二阶偏微分 f'' 的反函数与变量 $\boldsymbol{u}$ 的组合的 (即 $\dfrac{\mathrm{d}g(\boldsymbol{z},\boldsymbol{u})}{\mathrm{d}(\boldsymbol{z},\boldsymbol{u})} = \left(\left(\dfrac{\partial^2 f(\boldsymbol{x},\boldsymbol{u})}{\partial \boldsymbol{x}^2}\right)^{-1}, \boldsymbol{u}\right)$ 成立) 形式化描述如条件 3.11 所示。

条件 3.11 (Condition4:"gdif") 存在一个 $\mathbb{R}^n \to \mathbb{R}^n$ 的函数 h 使得 h 等于函数 f 的二阶微分 f'' 的反函数

```
⊢ !x u.
  ?g1'. ((g:real^(M,N)finite_sum -> real^(M,N)finite_sum)
   has_derivative g1')
  (at ((\p. pastecart ((\ j.
   drop((f':real^(M,N)finite_sum -> real^(M,N)finite_sum -> real^1)
   p (basis j)):real^M) (sndcart p)) (pastecart x u)))
```

隐含条件 4 中函数 $\left(\dfrac{\partial f(\boldsymbol{x},\boldsymbol{u})}{\partial \boldsymbol{x}},\boldsymbol{u}\right)$ 的反函数 g 一阶微分 $g'(\boldsymbol{z},\boldsymbol{u})$ 与原自变量 $(\boldsymbol{x},\boldsymbol{u})$ 相关，形式化描述时需根据变量 $(\boldsymbol{x},\boldsymbol{u})$ 的变换给定相应的微分形式。由于部分勒让德变换前提条件中，反函数存在条件描述为第一个自变量 $\boldsymbol{x}$ 的二阶偏微分的行列式不为 0，与第二自变量 $\boldsymbol{u}$ 相关，所以在隐含条件 4 证明时需选用应用更广的反函数求导定理，解释如下

$$\forall f',g,f'',g',\boldsymbol{x},\boldsymbol{u},\mathbb{S}.\ \text{compact}\ \mathbb{S} \wedge (\boldsymbol{x},\boldsymbol{u}) \in \mathbb{S} \wedge$$

$$(f'(\boldsymbol{x},\boldsymbol{u}),\boldsymbol{u}) \in \text{interior}\ (\text{Image}\ (\lambda(\boldsymbol{x},\boldsymbol{u}).(f'(\boldsymbol{x},\boldsymbol{u}),\boldsymbol{u}))\ \mathbb{S}) \wedge$$

$$(\lambda(\boldsymbol{x},\boldsymbol{u}).(f'(\boldsymbol{x},\boldsymbol{u}),\boldsymbol{u}))\text{continuous\_on}\ \mathbb{R}^{(n+m)} \wedge$$

$$(\forall \boldsymbol{x},\boldsymbol{u}.\ (\boldsymbol{x},\boldsymbol{u}) \in \mathbb{S} \Rightarrow g(f'(\boldsymbol{x},\boldsymbol{u}),\boldsymbol{u}) = \boldsymbol{x},\boldsymbol{u})) \wedge$$

$$\frac{\mathrm{d}f'(\boldsymbol{x},\boldsymbol{u})}{\mathrm{d}(\boldsymbol{x},\boldsymbol{u})} = f''(\boldsymbol{x},\boldsymbol{u}) \wedge \text{linear}\ g' \wedge (\forall \boldsymbol{x},\boldsymbol{u}.\ g'(f''(\boldsymbol{x},\boldsymbol{u})) = (\boldsymbol{x},\boldsymbol{u})) \Rightarrow$$

$$\frac{\mathrm{d}g(\boldsymbol{z},\boldsymbol{u})}{\mathrm{d}(\boldsymbol{z},\boldsymbol{u})} = g'(\boldsymbol{z},\boldsymbol{u})$$

步骤 5: 反函数 $g(\boldsymbol{z},\boldsymbol{u})$ 对变量 $\boldsymbol{u}$ 的 Frechet 微分为 $(0,\boldsymbol{u})$ (即 $\dfrac{\mathrm{d}g(z,\boldsymbol{u})}{\mathrm{d}\boldsymbol{u}} = (0,\boldsymbol{u})$ 成立) 的形式化描述如条件 3.12 所示。

步骤 6: 反函数 $g(\boldsymbol{z},\boldsymbol{u})$ 对变量 $\boldsymbol{x}$ 的 Frechet 微分为 $(\boldsymbol{x},0)$ (即 $\dfrac{\mathrm{d}g(z,\boldsymbol{u})}{\mathrm{d}\boldsymbol{x}} = (\boldsymbol{x},0)$ 成立) 的形式化描述如条件 3.13 所示。

通过已证明的隐含条件 2、3 和 4，即函数 $\left(\dfrac{\partial f(x,u)}{\partial x},u\right)$ 的反函数 g 的一阶微分与原函数二阶偏微分的关系条件，结合已知函数 f 两个自变量相互独立前提条件，可实现上述步骤 5 和步骤 6 两个目标的证明。

条件 3.12 (Condition5:"dxdu2") 反函数 $g(\boldsymbol{z},\boldsymbol{u})$ 对变量 $\boldsymbol{u}$ 的 Frechet 微分为 $(0,\boldsymbol{u})$

```
⊢ !x1 u1.
  (\x. ((g1':
  real^M->real^N->real^(M,N)finite_sum -> real^(M,N)finite_sum)
  x1 u1 (pastecart ((\ i. drop ((f'':
  num -> real^(M,N)finite_sum -> real^(M,N)finite_sum -> real^1) i
  (pastecart x1 u1) (pastecart (vec 0) x))):real^M) x))) =
  (\x. pastecart (vec 0) x):real^N -> real^(M,N)finite_sum
```

条件 3.13 (Condition6:"dudx2") 反函数 $g(z, u)$ 对变量 x 的 Frechet 微分为 $(x, 0)$

```
⊢ !x1 u1.
  (\x'. ((g1':
  real^M->real^N -> real^(M,N)finite_sum -> real^(M,N)finite_sum)
  x1 u1 (pastecart ((\ i. drop ((f'':
  num -> real^(M,N)finite_sum -> real^(M,N)finite_sum -> real^1) i
  (pastecart x1 u1) (pastecart x' (vec 0)))):real^M) (vec 0)))) =
  (\x. pastecart x (vec 0)):real^N -> real^(M,N)finite_sum
```

在所有已知条件和隐含条件成立的前提下，根据式（3.23）和式（3.24）数学推导过程，结合 HOL-Light 微分库中乘积函数求微分法则、链式法则等定理实现属性 3.3 的形式化证明，从而完成多元函数前 "m" 维部分勒让德变换的形式化工作。

$$
\begin{aligned}
\frac{\partial \mathscr{L} f(x, u)}{\partial z} &= \frac{\partial(z \cdot [g(z, u)]_1 - f(g(z, u)))}{\partial z} \\
&= z \frac{\partial [g(z, u)]_1}{\partial z} + [g(z, u)]_1 - \frac{\mathrm{d} f(x, u)}{\mathrm{d} g(z, u)} \frac{\partial g(z, u)}{\partial z} \\
&= z \frac{\partial x}{\partial z} + x - \frac{\mathrm{d} f(x, u)}{\mathrm{d}(x, u)} \frac{\partial(x, u)}{\partial z} \\
&= z \frac{\partial x}{\partial z} + x - z \left(\frac{\partial x}{\partial z} + \frac{\partial u}{\partial z} \right) \\
&= z \frac{\partial x}{\partial z} + x - z \frac{\partial x}{\partial z} \\
&= x
\end{aligned}
\tag{3.23}
$$

$$\frac{\partial \mathscr{L} f(\boldsymbol{x}, \boldsymbol{u})}{\partial \boldsymbol{u}} = \frac{\partial (\boldsymbol{z} \cdot [g(\boldsymbol{z}, \boldsymbol{u})]_1 - f(g(\boldsymbol{z}, \boldsymbol{u}))}{\partial \boldsymbol{u}}$$

$$= \frac{\partial \boldsymbol{z} \boldsymbol{x}}{\partial \boldsymbol{u}} - \frac{\partial f(\boldsymbol{x}, \boldsymbol{u})}{\partial \boldsymbol{u}} \qquad (3.24)$$

$$= -\frac{\partial f(\boldsymbol{x}, \boldsymbol{u})}{\partial \boldsymbol{u}}$$

3.4　本章小结

为了完成从拉格朗日函数形式向哈密顿函数形式的高阶逻辑形式化推导，本章实现了一元函数勒让德变换、多元函数完全勒让德变换和多元函数部分勒让德变换的形式化模型的构建。设计实现勒让德变换定理证明库，不仅可解决动力学系统广义速度和广义动量之间的变换，从而实现拉格朗日力学和哈密顿力学之间转换的形式化验证；还可用于热力学系统中温度、熵、压强、体积之间的变换，从而实现内能、亥姆霍兹自由能、焓、吉布斯自由能之间转换的定理证明。

参 考 文 献

[1] Saczuk J. Extensions of the legendre transformation. International Journal of Engineering Science, 1992, 30(7): 821-828.

[2] Alonso-Blanco R J, Vinogradov A M. Green formula and Legendre transformation. Acta Applicandae Mathematicae, 2004, 83(1-2): 149-166.

第 4 章　哈密顿力学系统形式化

哈密顿力学可以由拉格朗日力学通过勒让德变换演变而来，它通过广义坐标和广义动量重新描述了经典力学。哈密顿力学与拉格朗日力学相比最大的不同点是哈密顿力学使用辛空间表述力学系统的运动函数，把相空间中的拉氏高阶微分方程变换为动量空间上的一阶微分方程组，因此更方便对守恒量和对称性的讨论。所有被哈密顿力学描述的随时间变化的物理过程都可以等价于一个建立在动量空间上的几何变换。哈密顿力学广泛应用于机器人、车辆、卫星等安全攸关领域的动力学分析与建模[1-3]。在经典力学研究中，哈密顿函数可以完全决定一个力学系统的性质，求解基于哈密顿函数写出哈密顿正则方程，即为系统动力学微分方程组，就可以知道力学系统的一切性质。

本章从拉格朗日函数到哈密顿函数形式化模型的高阶逻辑推导入手[4]，形式化描述哈密顿正则方程，并对该方程的形式化模型进行高阶逻辑推导与验证。此外，为给哈密顿正则方程一个对称形式的高阶逻辑描述，同时也为简化正则方程求解过程的高阶逻辑推导，本章还对泊松括号进行形式定义、对泊松定理进行形式化证明。具体工作框架如图 4.1 所示。

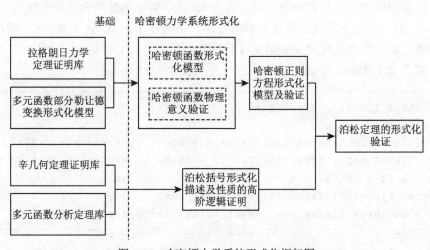

图 4.1　哈密顿力学系统形式化框架图

4.1   哈密顿函数的形式化建模

1834 年，爱尔兰数学家、物理学家哈密顿在发表的一篇名为《一种动力学的普遍方法》[5] 的文章中重新描述了经典力学，构建了一种可以使用辛空间而不依赖于拉格朗日经典力学的表述方法，即哈密顿力学。哈密顿力学方法的提出为现代动力学理论的发展奠定了基础，也对近代数学和物理学的发展起到巨大的推动作用。哈密顿力学主要研究以 "正则变量" 描述力学系统的运动规律，可以由拉格朗日力学推导而来 [6]。该理论体系能够发展出多种变换理论和积分方法，并在几何光学 [7,8]、电磁学 [9,10]、热力学 [11,12]、量子力学 [13,14] 得到应用。

本节阐述在 HOL-Light 定理证明器中构造描述力学函数自变量的数据类型，实现从拉格朗日函数形式化模型到哈密顿函数形式化模型的高阶逻辑推导，同时形式化验证哈密顿函数物理意义，即受定常约束系统的哈密顿函数描述该力学系统动能与势能之和。

4.1.1   构造力学函数数据类型

分析力学主要分为拉格朗日力学和哈密顿力学。在拉格朗日力学中，拉格朗日函数是广义坐标 q_i、广义速度 $\dot{q}_i$ 和时间 t 的函数，即 $L = L(q_i, \dot{q}_i, t), i = 1, \cdots, N$，其中，$q_i$ 为独立变量，$\dot{q}_i$ 是 t 的微商。在哈密顿力学中，哈密顿函数是广义位置 q_i、广义动量 p_i 和时间 t 的函数，即 $H = H(q_i, p_i, t), i = 1, \cdots, N$，其中，$q_i$ 和 p_i 都是独立变量。

根据拉格朗日函数和哈密顿函数的形式可知，两类函数的自变量维度为 "$N + N + 1$" 维。为便于形式化描述力学函数，本书构建了一个 "$A + B + C$" 维度的新类型。该类型形式化定义如定义 4.1 所示。

定义 4.1 (three_finite_sum)

```
let three_finite_sum_tybij =
    let th = prove
    (`?x. x IN 1..(dimindex(:A) + dimindex(:B) + dimindex(:C))`,
     EXISTS_TAC `1`THEN SIMP_TAC[IN_NUMSEG; LE_REFL; DIMINDEX_GE_1;
     ARITH_RULE `1 <= a ==> 1 <= a + b + c`]) in
    new_type_definition "three_finite_sum"
    ("mk_three_finite_sum","dest_three_finite_sum") th;;
```

"$A + B + C$" 维度在 HOL-light 定理证明器中用 (A, B, C)three_finite_sum 来表示。采用该定义方式，便于复用和扩展 HOL-Light 系统中已有的定理库。在力学函数的定义中，可用 $(N, N, 1)$three_finite_sum 表示自变量的维度。

　　该新维度类型与集合 $\{1, 2, \cdots, A, A+1, \cdots, A+B, A+B+1, \cdots, A+B+C\}$ 同构，满足属性 4.1 ～ 属性 4.5 共五个属性。

　　属性 4.1 表示类型 (A, B, C)three_finite_sum 与集合 $\{1, 2, \cdots, A+B+C\}$ 的映射关系。

　　属性 4.1 (THREE_FINITE_SUM_IMAGE)

```
⊢ UNIV:(A,B,C)three_finite_sum -> bool =
  IMAGE mk_three_finite_sum
  (1..(dimindex(:A) + dimindex(:B) + dimindex(:C)))
```

　　属性 4.2 表示与类型 (A, B, C)three_finite_sum 的同构集合元素个数为 "$A+B+C$"。

　　属性 4.2 (DIMINDEX_HAS_SIZE_THREE_FINITE_SUM)

```
⊢ (UNIV:(A,B,C)three_finite_sum->bool) HAS_SIZE
  (dimindex(:A) + dimindex(:B) + dimindex(:C))
```

　　属性 4.3 表示类型 (A, B, C))three_finite_sum 的维度等于 "$A+B+C$" 维。

　　属性 4.3 (DIMINDEX_THREE_FINITE_SUM)

```
⊢ dimindex(:(A,B,C)three_finite_sum) =
  dimindex(:A) + dimindex(:B) + dimindex(:C)
```

　　属性 4.4 表示，当维度 $P \leqslant (A, B, C)$)three_finite_sum 时，用 (A, B, C)three_finite_sum 表示的维度。

　　属性 4.4 (DIMINDEX_HAS_SIZE_THREE_FINITE_DIFF_ONE)

```
⊢ (UNIV:((A,B,C)three_finite_sum,P)finite_diff -> bool) HAS_SIZE
  (if dimindex(:P) ⩽ dimindex(:(A,B,C)three_finite_sum)
  then dimindex(:(A,B,C)three_finite_sum) - dimindex(:P)
  else 1)
```

　　属性 4.5 表示，当维度 (P, Q)finite_sum $\leqslant (A, B, C)$three_finite_sum 时，用 (A, B, C) three_finite_sum 表示的维度。

　　属性 4.5 (DIMINDEX_HAS_SIZE_THREE_FINITE_DIFF_TWO)

```
⊢ (UNIV:((A,B,C)three_finite_sum,(P,Q)finite_sum)finite_diff->bool)
  HAS_SIZE(if dimindex(:(P,Q)finite_sum)
          <= dimindex(:(A,B,C)three_finite_sum)
       then dimindex(:(A,B,C)three_finite_sum)
           - dimindex(:(Q,K)finite_sum)
       else 1)
```

在此定义了基于新类型 (A, B, C)three_finite_sum 的向量、矩阵构造函数和析构函数，可将一个向量或矩阵分为三块，或者由三块合成一个向量或矩阵。基于新类型的向量或矩阵构造与析构函数分别如表 4.1 和表 4.2 所示，描述了函数名称、函数用途以及最重要的信息函数输入变量类型与输出变量类型之间的关系。

表 4.1   "$M + N + P$" 维向量构造与析构函数

名称	类型	用途
three_pt	$A^{\wedge M} \to A^{\wedge N} \to A^{\wedge P} \to A^{\wedge (M,N,P)\text{three\_finite\_sum}}$	构造
fstsnd_trd_pt	$A^{\wedge (M,N)\text{finite\_sum}} \to A^{\wedge P} \to A^{\wedge (M,N,P)\text{three\_finite\_sum}}$	构造
fstpt	$A^{\wedge (M,N,P)\text{three\_finite\_sum}} \to A^{\wedge M}$	析构
sndpt	$A^{\wedge (M,N,P)\text{three\_finite\_sum}} \to A^{\wedge N}$	析构
trdpt	$A^{\wedge (M,N,P)\text{three\_finite\_sum}} \to A^{\wedge P}$	析构
fstsndpt	$A^{\wedge (M,N,P)\text{three\_finite\_sum}} \to A^{\wedge (M,N)\text{finite\_sum}}$	析构

表 4.2   "$(M + N + P) \times Q$" 维矩阵构造与析构函数

名称	类型	用途
three_mpt	$A^{\wedge M \wedge Q} \to A^{\wedge N \wedge Q} \to A^{\wedge P \wedge Q} \to A^{\wedge (M,N,P)\text{three\_finite\_sum} \wedge Q}$	构造
fstsnd_trd_mpt	$A^{\wedge (M,N)\text{finite\_sum} \wedge Q} \to A^{\wedge P \wedge Q} \to A^{\wedge (M,N,P)\text{three\_finite\_sum} \wedge Q}$	构造
fstmpt	$A^{\wedge (M,N,P)\text{three\_finite\_sum} \wedge Q} \to A^{\wedge M \wedge Q}$	析构
sndmpt	$A^{\wedge (M,N,P)\text{three\_finite\_sum} \wedge Q} \to A^{\wedge N \wedge Q}$	析构
trdmpt	$A^{\wedge (M,N,P)\text{three\_finite\_sum} \wedge Q} \to A^{\wedge P \wedge Q}$	析构
fstsndmpt	$A^{\wedge (M,N,P)\text{three\_finite\_sum} \wedge Q} \to A^{\wedge (M,N)\text{finite\_sum} \wedge Q}$	析构

通过构造函数或析构函数生成的向量、矩阵与一般向量，矩阵在本质上是一致的，区别在于方便使用而采用了不同形式的描述，因此它们之间具有相同的运算性质。

另外还定义了一个由三部分组合而成的新的函数形式化描述方式，如定义 4.2 所示，同时给出定理 4.1 来证明此种函数定义方式与函数的一般描述方式具有等价性。

定义 4.2 (fun_map_3) 三部分组合而成函数描述方式

```
let fun_map_3 = new_definition
   `fun_map_3 (f:B->C->D->E) (g1:A->B) (g2:A->C) (g3:A->D)
   = \x. f (g1 x) (g2 x) (g3 x)`;;
```

定理 4.1 (FUN_MAP_3_THM) 函数构造定理

```
⊢ !f g1 g2 g3 x. fun_map_3 f g1 g2 g3 x = f (g1 x) (g2 x) (g3 x)
```

表 4.3 和表 4.4 分别列出了基于新类型的向量函数和矩阵函数的构造与析构
函数，描述了函数名称、函数定义以及函数用途。

表 4.3 "$M+N+P$" 维向量函数构造与析构函数

名称	定义	用途
three_fpt	three_fpt = fun_map_3 (three_pt)	构造
fst_threefpt	fst_threefpt y = fstpt o y	析构
snd_threefpt	snd_threefpt y = sndpt o y	析构
trd_threefpt	trd_threefpt y = trdpt o y	析构
fstsnd_threefpt	fstsnd_threefpt y = fstsndpt o y	析构

表 4.4 "$(M+N+P) \times Q$" 维矩阵函数构造与析构函数

名称	定义	用途
three_mfpt	three_mfpt = fun_map_3 (three_mpt)	构造
fst_threemfpt	fst_threemfpt y = fstmpt o y	析构
snd_threemfpt	snd_threemfpt y = sndmpt o y	析构
trd_threemfpt	trd_threemfpt y = trdmpt o y	析构
fstsnd_threemfpt	fstsnd_threemfpt y = fstsndmpt o y	析构

本书采用新的方式定义函数，是为了方便拉格朗日和哈密顿力学系统的高阶
逻辑形式化描述。从本质上看，与 HOL-Light 系统中函数的常规描述方式无差别，
具有相同的函数性质。

4.1.2 从拉格朗日函数到哈密顿函数形式化模型的构建

对于具有完整、理想约束的系统动力学问题，可以利用广义坐标表示动力学
普遍方程，从而推导出一组个数和自由度数量相同的相互独立的运动微分方程，称
为一般形式的拉格朗日方程，也称为完整系统的拉格朗日方程，可用来有效解决
系统动力学问题。如果存在一个由 n 个质点组成的系统，受到 k 个完整理性约
束，则该系统有 $s = 3n - k$ 个自由度，此时可以选择 $q_1, q_2, \cdots, q_s$ 为系统广义
坐标，其拉格朗日方程如式（4.1）所示。拉格朗日方程是一个关于广义坐标的 s

个二阶常微分方程。

$$\frac{\mathrm{d}}{\mathrm{d}t}\left(\frac{\partial T}{\partial \dot{q}_k}\right) - \frac{\partial T}{\partial q_k} = Q_k, \quad k = 1, 2, \cdots, s \tag{4.1}$$

其中，T 表示系统动能，描述为广义坐标、广义速度和时间的函数，即 $T = T(q, \dot{q}, t)$；q 表示广义坐标；$\dot{q}$ 表示广义速度；Q_k 表示系统广义力。

在实际应用中，通常考虑在保守力和定常约束作用下的力学系统，即在运动和变化过程中机械能保持守恒的保守系统。在保守系统中，设 $L = T - V$，其中，V 表示系统动能，描述为广义坐标和时间的函数，即 $V = V(q, t)$，则式（4.1）可写为

$$\frac{\mathrm{d}}{\mathrm{d}t}\left(\frac{\partial L}{\partial \dot{q}_k}\right) - \frac{\partial L}{\partial q_k} = 0 \tag{4.2}$$

其中，L 称为拉格朗日函数。在理论力学中，拉格朗日函数 L 是为广义坐标 q、广义速度 $\dot{q}$ 和时间 t 的函数，可以描述为 $L = L(q, \dot{q}, t)$，该函数具有能量的量纲。广义坐标 q、广义速度 $\dot{q}$ 和时间 t 组合成的变量 $(q, \dot{q}, t)$ 通常称为拉格朗日量，其形式化描述如定义 4.3 所示。

定义 4.3 (qdqt)　拉格朗日量 $(q, \dot{q}, t)$ 形式化描述

```
let qdqt_def = new_definition
    `qdqt s (q : real^1 -> real^Q) =
    three_fpt q (higher_vector_derivative 1 q s) (\t. t)`;;
```

其中，(higher_vector_derivative 1 q s) 是广义坐标 q 的一阶微分，即广义速度 $\dot{q}$。

哈密顿力学系统的形式化建模以拉格朗日力学系统形式化模型为基础展开 [15]。由 $L = T - V$ 可知，拉格朗日函数 L 可描述为动能与势能之差，形式化模型如定义 4.4 所示。

定义 4.4 (lagrange_function)　拉格朗日函数形式化模型

```
let lagrange_function = new_definition
    `lagrange_function ke ue = (\u:real^(Q,Q,1)three_finite_sum.
    ke u - ue (pastecart (fstpt u) (trdpt u)) :real^1)`;;
```

其中，ke 是以广义坐标 q、广义速度 $\dot{q}$ 和时间 t 为自变量 $(q, \dot{q}, t)$ 的动能函数 $T = T(q, \dot{q}, t)$，ue 是以广义坐标 q 和时间 t 为自变量 (q, t) 的势能函数 $V = V(q, t)$。

保守系统拉格朗日方程如式（4.2）所示，其形式化模型如下

定义 4.5 (lagrange_function)　保守系统拉格朗日方程形式化模型

```
let lagrange_equations = new_definition
  `lagrange_equations s s0 s1 ke ue (q:real^1 -> real^Q) f x <=>
  (!t j. j IN (1..dimindex(:Q))) ==>
  vector_derivative (\t.
    (transp(jacobian (lagrange_function ke ue)
    (at (qdqt s q t) within s1)))$(j + dimindex(:Q)))
    (at t within s) - transp (jacobian (lagrange_function ke ue)
    (at (qdqt s q t) within s1))$j = &0)`;;
```

其中，"qdqt" 为拉格朗日量。

如果将拉格朗日函数中的自变量广义速度 $\dot{q}$ 变换为广义动量 $p_a = \dfrac{\partial L}{\partial \dot{q}_a}$, $a = 1$, $2, \cdots, s$，将广义动量形式化为定义 4.6。广义坐标 q、广义动量 p 和时间 t 组合成的变量 (q, p, t) 通常称为哈密顿量，其形式化描述如定义 4.7 所示。从拉格朗日量变换到哈密顿量符合勒让德变换原理。

定义 4.6 (generalized_momentum)　广义动量形式化定义

```
let generalized_momentum = new_definition
  `generalized_momentum s s1 ke ue (q : real^1 -> real^Q) t =
  sndpt (jacobian (lagrange_function ke ue)
  (at (qdqt s q t) within s1)$1`;;
```

定义 4.7 (pqt)　哈密顿量 (p, q, t) 形式化描述

```
let pqt = new_definition
  `pqt s s1 (ke : real^(Q,Q,1)three_finite_sum -> real^1) ue
  (q:real^1 -> real^Q) =
  (\t. three_pt (sndpt(jacobian (lagrange_function ke ue)
                  (at (qdqt s q t) within s1)$1))
          (fstpt (qdqt s q t)) (trdpt (qdqt s q t)))`;;
```

在理论力学上，通过勒让德变换将拉格朗日函数变换成以广义坐标 q、广义动量 p 和时间 t 的新函数，该函数称为哈密顿函数，记为 $H(q, p, t)$。哈密顿函数是在相空间上描述系统运动的特征函数。值得注意的是，拉格朗日函数和哈密顿函数的自变量都是 "$N+N+1$" 维变量，其中，q 和 t 组成的 "$N+1$" 维变量相同，

$\dot{q}$ 与 p 的 "N" 维变量不同，且 $\dot{q}$ 与 p 互为共轭变量。由此可知，从拉格朗日函数 $L(q, \dot{q}, t)$ 到哈密顿函数 $H(q, p, t)$ 的变换符合多元函数部分勒让德变换原理。

根据 3.3.2 节多元函数部分勒让德变换形式化模型及固有属性高阶逻辑证明，将多元函数部分勒让德变换定义中的原自变量 x 对应广义速度 $\dot{q}$，原自变量 u 对应广义坐标和时间的组合变量 (q, t)，替换的共轭变量 z 对应广义动量 p。同时，调整拉格朗日函数自变量顺序，将 L 函数描述为 $L = L(\dot{q}, q, t)$。勒让德变换作用在拉格朗日函数后所得函数 $\mathscr{L}f$ 即为哈密顿函数 H。哈密顿函数定义的数学表示如下

$$H = \mathscr{L}L(\dot{q}, q, t) = \sum_{a=1}^{s} \frac{\partial L}{\partial \dot{q}_a} \mathrm{d}\dot{q}_a - L = \sum_{a=1}^{s} p_a \dot{q}_a - L \tag{4.3}$$

其中，q、$\dot{q}$ 分别是系统的广义坐标和广义速度；$p = \dfrac{\partial L}{\partial \dot{q}}$ 是广义动量；L 是系统的拉格朗日函数。

多元函数部分勒让德变换的形式化描述的函数类型是 $\mathbb{R}^{(n+m)} \to \mathbb{R}^1$，与函数类型为 $\mathbb{R}^{(N+N+1)} \to \mathbb{R}$ 的拉格朗日函数和哈密顿函数类型不同。通过 HOL-Light 系统 "CART" 库中的函数 pastecart 和 4.1.1 节构造的力学函数数据类型相关形式化工作构建哈密顿函数的形式化模型如下

定义 4.8 (hamilton_function)　哈密顿函数形式化模型

```
let hamilton_function = new_definition
    `hamilton_function ke ue =  (legendre_trans_part1
    (\k:real^(Q,(Q,1)finite_sum)finite_sum. lagrange_function ke ue
    (three_pt (fstcart (sndcart k)) (fstcart k)
    (sndcart(sndcart k)))))) o
    (\v. pastecart (fstpt v) (pastecart (sndpt v) (trdpt v)))`;;
```

如保留广义坐标 q 和广义动量 $p_a = \dfrac{\partial L}{\partial \dot{q}_a}$ 的定义不变，则广义坐标和广义动量将保持相互独立。换言之，广义坐标 q 和广义动量 p 是正则变量，这样的一组独立变量就可以用于代表系统的一个状态。

拉格朗日力学与哈密顿力学之间变换的核心就是广义速度 $\dot{q}$ 和广义动量 p 之间的变换，经过变换使得广义动量 p 和广义坐标 q 处于同等地位。取广义坐标 q 和广义动量 p 作为描述运动系统的变量，将力学系统方程构建在由自变量 p 和 q 组成的 2s 维辛空间上，由此开辟了一条求解动力学方程的新途径。

4.1.3 哈密顿函数物理意义的形式化验证

在许多实际物理系统中，哈密顿函数通常表征系统的动能与势能的总和，即系统的总能量[16]。在经典力学中，哈密顿函数是广义坐标、广义动量和时间的函数，可以起到描述动力系统运动特征的作用，通常用符号 H 表示，其定义如式（4.3）所示。由 4.1.2 节分析可知，对于具有完整约束的有势系统 (含保守系统)，拉格朗日函数 L 通常定义为动能与势能之差，即

$$L(\boldsymbol{q}, \dot{\boldsymbol{q}}, t) = T(\boldsymbol{q}, \dot{\boldsymbol{q}}, t) - V(\boldsymbol{q}, t) \tag{4.4}$$

其中，$(\boldsymbol{q}, \dot{\boldsymbol{q}}, t)$ 为拉格朗日量，即一组广义坐标 $\boldsymbol{q}$、广义速度 $\dot{\boldsymbol{q}}$ 和时间 t 的变量；$T(\boldsymbol{q}, \dot{\boldsymbol{q}}, t)$ 为动能；$V(\boldsymbol{q}, t)$ 为势能。

基于坐标变换式 $\boldsymbol{r}_i = \boldsymbol{r}_i(q_1, q_2, q_3, \cdots, q_s, t), (i = 1, 2, \cdots, n)$，拉格朗日函数中系统动能 T 可表示为广义速度的二次齐次式、一次齐次式和零次齐次式的和，即

$$T = T_2 + T_1 + T_0 = \frac{1}{2} \sum_{\alpha, \beta = 1}^{s} a_{\alpha\beta} \dot{\boldsymbol{q}}_\alpha \dot{\boldsymbol{q}}_\beta + \sum_{\alpha=1}^{s} b_\alpha \dot{\boldsymbol{q}}_\alpha + \frac{1}{2} c \tag{4.5}$$

其中，三个系数分别表示为 $a_{\alpha\beta} = \sum\limits_{i=1}^{n} m_i \dfrac{\partial \boldsymbol{r}_i}{\partial \boldsymbol{q}_\alpha} \dfrac{\partial \boldsymbol{r}_i}{\partial \boldsymbol{q}_\beta}$，$b_\alpha = \sum\limits_{i=1}^{n} m_i \dfrac{\partial \boldsymbol{r}_i}{\partial \boldsymbol{q}_\alpha} \dfrac{\partial \boldsymbol{r}_i}{\partial t}$，$c = \sum\limits_{i=1}^{n} m_i \left(\dfrac{\partial \boldsymbol{r}_i}{\partial t} \right)^2$。

根据式（4.5）可推导出，系统动能对广义速度的偏微分 $\dfrac{\partial T}{\partial \dot{\boldsymbol{q}}_\alpha}$ 和广义速度 $\dot{\boldsymbol{q}}_\alpha$ 的内积与动能函数各项之间关系。由欧拉齐次函数定理，即有 $\sum\limits_{\alpha=1}^{s} \left[\dfrac{\partial T_r}{\partial \dot{\boldsymbol{q}}_\alpha} \dot{\boldsymbol{q}}_\alpha \right] = rT_r, r = 0, 1, 2$ 成立，T_0, T_1, T_2 各项推导情况如下

$$\sum_{\alpha=1}^{s} \left[\frac{\partial T_0}{\partial \dot{\boldsymbol{q}}_\alpha} \dot{\boldsymbol{q}}_\alpha \right] = \sum_{\alpha=1}^{s} \left[\frac{\partial \left(\frac{1}{2} c \right)}{\partial \dot{\boldsymbol{q}}_\alpha} \dot{\boldsymbol{q}}_\alpha \right]$$

$$= \sum_{\alpha=1}^{s} \left[\frac{\partial \left(\frac{1}{2} \sum\limits_{i=1}^{n} m_i \left(\frac{\partial \boldsymbol{r}_i}{\partial t} \right)^2 \right)}{\partial \dot{\boldsymbol{q}}_\alpha} \dot{\boldsymbol{q}}_\alpha \right] \tag{4.6}$$

$$= 0$$

$$\sum_{\alpha=1}^{s} \left[\frac{\partial T_1}{\partial \dot{\boldsymbol{q}}_{\alpha}} \dot{\boldsymbol{q}}_{\alpha} \right] = \sum_{\alpha=1}^{s} \left[\frac{\partial \left(\sum\limits_{\alpha=1}^{s} b_{\alpha} \dot{\boldsymbol{q}}_{\alpha} \right)}{\partial \dot{\boldsymbol{q}}_{\alpha}} \dot{\boldsymbol{q}}_{\alpha} \right]$$

$$= \sum_{\alpha=1}^{s} \left[\frac{\partial \left(\sum\limits_{\alpha=1}^{s} \sum\limits_{i=1}^{n} m_i \frac{\partial \boldsymbol{r}_i}{\partial \boldsymbol{q}_{\alpha}} \frac{\partial \boldsymbol{r}_i}{\partial t} \dot{\boldsymbol{q}}_{\alpha} \right)}{\partial \dot{\boldsymbol{q}}_{\alpha}} \dot{\boldsymbol{q}}_{\alpha} \right] \tag{4.7}$$

$$= \sum_{\alpha=1}^{s} \sum_{i=1}^{n} m_i \frac{\partial \boldsymbol{r}_i}{\partial \boldsymbol{q}_{\alpha}} \frac{\partial \boldsymbol{r}_i}{\partial t} \dot{\boldsymbol{q}}_{\alpha}$$

$$= \sum_{\alpha=1}^{s} b_{\alpha} \dot{\boldsymbol{q}}_{\alpha}$$

$$= T_1$$

$$\sum_{\alpha=1}^{s} \left[\frac{\partial T_2}{\partial \dot{\boldsymbol{q}}_{\alpha}} \dot{\boldsymbol{q}}_{\alpha} \right] = \sum_{\alpha=1}^{s} \left[\frac{\partial \left(\frac{1}{2} \sum\limits_{\alpha,\beta=1}^{s} a_{\alpha\beta} \dot{\boldsymbol{q}}_{\alpha} \dot{\boldsymbol{q}}_{\beta} \right)}{\partial \dot{\boldsymbol{q}}_{\alpha}} \dot{\boldsymbol{q}}_{\alpha} \right]$$

$$= \sum_{\alpha=1}^{s} \left[\frac{\partial \left(\frac{1}{2} \sum\limits_{\alpha,\beta=1}^{s} \sum\limits_{i=1}^{n} m_i \frac{\partial \boldsymbol{r}_i}{\partial \boldsymbol{q}_{\alpha}} \frac{\partial \boldsymbol{r}_i}{\partial \boldsymbol{q}_{\beta}} \dot{\boldsymbol{q}}_{\alpha} \dot{\boldsymbol{q}}_{\beta} \right)}{\partial \dot{\boldsymbol{q}}_{\alpha}} \dot{\boldsymbol{q}}_{\alpha} \right] \tag{4.8}$$

$$= \sum_{\alpha,\beta=1}^{s} \sum_{i=1}^{n} m_i \frac{\partial \boldsymbol{r}_i}{\partial \boldsymbol{q}_{\alpha}} \frac{\partial \boldsymbol{r}_i}{\partial \boldsymbol{q}_{\beta}} \dot{\boldsymbol{q}}_{\alpha} \dot{\boldsymbol{q}}_{\beta}$$

$$= \sum_{\alpha,\beta=1}^{s} a_{\alpha\beta} \dot{\boldsymbol{q}}_{\alpha} \dot{\boldsymbol{q}}_{\beta}$$

$$= 2T_2$$

由于势能 V 与广义速度 $\dot{\boldsymbol{q}}$ 无关,所以有

$$\frac{\partial L}{\partial \dot{\boldsymbol{q}}_{\alpha}} = \frac{\partial T}{\partial \dot{\boldsymbol{q}}_{\alpha}}, \quad \alpha = 1, 2, \cdots, s \tag{4.9}$$

若系统在稳定约束或无约束时,系统动能 $T = T_2$。将式(4.9)代入式(4.3)

得

$$H = \sum_{\alpha=1}^{s} \frac{\partial L}{\partial \dot{\boldsymbol{q}}_\alpha} \dot{\boldsymbol{q}}_\alpha - L$$

$$= \sum_{\alpha=1}^{s} \frac{\partial T}{\partial \dot{\boldsymbol{q}}_\alpha} \dot{\boldsymbol{q}}_\alpha - L \qquad (4.10)$$

$$= 2T - (T - V)$$

$$= T + V$$

因此，哈密顿函数也具有能量量纲。通常系统在受到稳定约束或者无约束的情况下，哈密顿函数表示整个系统动能与势能之和，即表示系统的机械能。为验证哈密顿函数的形式化定义的正确性，本节形式化验证了哈密顿函数在保守系统中可以表示系统机械能这一物理含义如下

定理 4.2 (HAMILTON_EQ_ENERGY) 保守系统哈密顿函数表示系统机械能，$H = T + V$

```
⊢ !ke:real^(Q,Q,1)three_finite_sum-> real^1 ke'
 ue:real^{(Q,1)finite_sum} -> real^1 ue' q:real^1 -> real^Q t.
 (!p:real^(Q,1)finite_sum.
     (ue has_derivative (ue' p)) (at p)) /\               ①
 (!p:real^(Q,Q,1)three_finite_sum.
     (ke has_derivative (ke' p)) (at p)) /\               ②
 (!p j. 1 <= j /\ j <= dimindex(:Q) ==>
 ((\p. ke' p (basis (j + dimindex(:Q)))) has_derivative
      ke'' (j + dimindex(:Q)) p) (at p)) /\               ③
 (!p x y j. 1 <= j /\ j <= dimindex (:Q) /\
       ke'' (j + dimindex(:Q)) p x =
       ke'' (j + dimindex(:Q)) p y ==> x = y) /\           ④
 sndpt(jacobian ke (at (qdqt (:real^1) q t))$1) dot
 sndpt(qdqt (:real^1) q t) = &2 % ke (qdqt (:real^1) q t) ==>   ⑤
 hamilton_function ke ue
 (pqt(:real^1) (:real^(Q,Q,1)three_finite_sum) ke ue q t) =
 ke (qdqt (:real^1) q t) +
 ue (pastecart (fstpt (qdqt (:real^1) q t))
     (trdpt (qdqt (:real^1) q t)))                        ⑥
```

其中，"pqt" 表示哈密顿量；"jacobian ke (at (qdqt (: real$^{\wedge 1}$) q t))\$1" 表示系统动能的偏微分；① 表示系统势能 ue 函数一阶可微，且其一阶微分为 ue′；② 表示系

统动能 ke 函数一阶可微，且其一阶微分为 ke′；③ 表示针对广义速度 $\dot{\boldsymbol{q}}$，系统动能 ke 存在二阶偏微分 $\dfrac{\partial^2\mathrm{ke}(\boldsymbol{q},\dot{\boldsymbol{q}},t)}{\partial\dot{q}_\alpha\partial\dot{q}_\beta}$，$\alpha,\beta=1,2,\cdots,Q$；④ 表示系统动能 ke 函数的二阶微分 ke″ 是单射函数；⑤ 表示稳定系统中动能对广义速度的偏微分与广义速度的内积等于两倍的动能函数，即 $\sum\limits_{\alpha=1}^{s}\left[\dfrac{\partial T}{\partial\dot{q}_\alpha}\dot{q}_\alpha\right]=\sum\limits_{\alpha=1}^{s}\left[\dfrac{\partial T_2}{\partial\dot{q}_\alpha}\dot{q}_\alpha\right]=2T_2=2T$；⑥ 表示稳定系统的哈密顿函数等于系统总能，即 $H(\boldsymbol{p},\boldsymbol{q},t)=T(\boldsymbol{q},\dot{\boldsymbol{q}},t)+V(\boldsymbol{q},t)$。

由于势能 $V(\boldsymbol{q},t)$ 与广义速度无关，结合拉格朗日函数、哈密顿函数的定义和已知系统动能条件，至此，就完成了哈密顿函数物理意义的高阶逻辑证明。

4.2　哈密顿正则方程的形式化建模

由拉格朗日力学方法求得的系统运动方程是基于广义坐标、广义速度和时间的函数。哈密顿正则方程是分析力学中另一个重要方程，可以由拉格朗日方程推导得出，比拉格朗日方程更具优势。它是由哈密顿在沿用广义坐标的基础上，引入广义动量，构建哈密顿函数，进而推导出哈密顿正则方程[17]。哈密顿正则方程把拉格朗日方程从二阶微分方程组降为一阶微分方程组，所以更易于求解力学系统的运动方程；同时，物理意义表述也更加清晰，对经典力学理论的理解更加深刻。本节主要阐述从哈密顿函数形式化推导出哈密顿正则方程的建模过程。

4.2.1　哈密顿函数微分相关定理形式化描述

哈密顿正则方程是以广义坐标和广义动量为独立变量的 $2s$ 个一阶偏微分方程，描述了哈密顿函数 H 对广义动量 $\boldsymbol{p}$、广义坐标 $\boldsymbol{q}$ 的偏微分与广义坐标 $\boldsymbol{q}$、广义动量 $\boldsymbol{p}$ 对时间 t 的导数之间相等的关系。哈密顿正则方程形式化表示及高阶逻辑推导过程中必定涉及到偏微分相关定理。由 4.1.2 节中哈密顿函数的定义可知，哈密顿函数中涉及到了 (M,N)finite_sum 和 (M,N,P)three_finite_sum 两种变量类型的转换。本节阐述函数偏微分与上述两种类型转换相结合的性质定理形式化描述。

根据哈密顿函数形式化模型 (定义 4.8) 可知，哈密顿函数的偏微分涉及复合函数求导法则，即复合函数偏微分链式法则。在定理证明器 HOL-Light 中，基于雅可比矩阵定义将复合函数偏微分链式法则 $\dfrac{\partial(g\circ f)}{\partial\boldsymbol{x}}=\dfrac{\partial g}{\partial f(\boldsymbol{x})}\dfrac{\partial f}{\partial\boldsymbol{x}}$ 形式化为

定理 4.3（JACOBIAN_CHAIN_AT）复合函数偏微分链式法则

```
⊢ !g:real^M -> real^N f:real^Q -> real^M x:real^Q.
  g differentiable (at (f x)) /\ f differentiable (at x) ==>
  jacobian (g o f) (at x) =
```

```
(jacobian g (at (f x))) ** (jacobian f (at x))
```

针对哈密顿函数定义中的变量描述类型的转换问题，形式化证明了函数偏微分与类型转换相结合的如下三条性质。

性质 1：自变量类型为 $\mathbb{R}^{(M,N)\text{finite\_sum}}$ 的函数 $f(\boldsymbol{x}, \boldsymbol{u})$ 偏微分的等价变换性质如下

定理 4.4 (JACOBIAN_PASTECART_ALT) $f(\boldsymbol{x}, \boldsymbol{u})$ 偏微分等价变换

```
⊢ !f:real^(M,N)finite_sum -> real^Q f' i x.
  (!p:real^(M,N)finite_sum. (f has_derivative f' p)(at p)) /\
  1 <= i /\ i <= dimindex(:Q) ==>
  fstcart(jacobian f (at x)$i) =
  jacobian (\h. f (pastecart h (sndcart x))) (at (fstcart x))$i /\
  sndcart(jacobian f (at x)$i) =
  jacobian (\h. f (pastecart (fstcart x) h)) (at (sndcart x))$i
```

定理 4.4 证明过程如下

步骤 1：将多元函数 $f(\boldsymbol{x}, \boldsymbol{u})$ 对任一变量 $\boldsymbol{x}$ 或 $\boldsymbol{u}$ 的偏微分相当于将另一变量 $\boldsymbol{u}$ 或 $\boldsymbol{x}$ 视作常数后的函数对该变量求微分。

步骤 2：基于步骤 1，将函数 $(\lambda \boldsymbol{x}.\ f(\boldsymbol{x}, \boldsymbol{u}))$ 和 $(\lambda \boldsymbol{u}.\ f(\boldsymbol{x}, \boldsymbol{u}))$ 的微分与 f' 的关系形式化描述为条件 4.1 和条件 4.2。

步骤 3：用 "$\epsilon - \delta$" 语言改写目标。

步骤 4：根据上述条件，结合 HOL-Light 定理证明器 "derivative" 库中 Jacobian 函数的定义以及 "CART" 库中 fstcart 和 sndcart 函数的相关定理即可完成定理 4.4 的形式化证明。

条件 4.1 (Condition1:fdif1) 函数 $(\lambda \boldsymbol{x}.\ f(\boldsymbol{x}, \boldsymbol{u}))$ 微分与 f' 的关系 1

```
⊢ !p.
  ((\h. (f:real^(M,N)finite_sum->real^Q) (pastecart h (sndcart p)))
   has_derivative (\h. (f':real^(M,N)finite_sum ->
                real^(M,N)finite_sum -> real^Q)
   p (pastecart h (vec 0)))) (at (fstcart p))
```

条件 4.2 (Condition2:fdif2) 函数 $(\lambda \boldsymbol{u}.\ f(\boldsymbol{x}, \boldsymbol{u}))$ 微分与 f' 的关系 2

```
⊢ !p.
  ((\h. (f:real^(M,N)finite_sum->real^Q) (pastecart (fstcart p) h))
```

```
has_derivative (\h. (f':real^(M,N)finite_sum ->
                real^(M,N)finite_sum -> real^Q)
p (pastecart (vec 0) h))) (at (sndcart p))
```

性质 2：自变量类型为 $\mathbb{R}^{(M,N,P)\text{three\_finite\_sum}}$ 的函数偏微分的等价变换，如定理 4.5 所示。该定理的证明方法与函数 $f(\boldsymbol{x}, \boldsymbol{u})$ 偏微分等价变换定理的证明方法相似。

定理 4.5(JACOBIAN_THREEPT_ALT)　$f(\boldsymbol{x}, \boldsymbol{u}, \boldsymbol{t})$ 函数偏微分的等价变换

```
⊢ !f:real^(M,N,P)three_finite_sum -> real^Q f' i x.
  (!p:real^(M,N,P)three_finite_sum.(f has_derivative f'p)(at p)) /\
  1 <= i /\ i <= dimindex(:Q) ==>
  fstpt(jacobian f (at x)$i) =
  jacobian (\h.f (three_pt h (sndpt x)(trdpt x)))(at(fstpt x))$i /\
  sndpt(jacobian f (at x)$i) =
  jacobian (\h.f (three_pt (fstpt x) h(trdpt x)))(at(sndpt x))$i /\
  trdpt(jacobian f (at x)$i) =
  jacobian (\h.f (three_pt (fstpt x) (sndpt x) h))(at(trdpt x))$i
```

性质 3：自变量类型为 $\mathbb{R}^{(M,N,P)\text{three\_finite\_sum}} \to \mathbb{R}^Q$ 函数的偏微分到自变量类型为 $\mathbb{R}^{(M,(N,P)\text{finite\_sum})\text{finite\_sum}} \to \mathbb{R}^Q$ 函数的偏微分等价变换性质，如定理 4.6 所示。基于定理 4.4 和定理 4.5 所示的两种自变量类型函数偏微分等价变换性质的证明。

定理 4.6 (JACOBIAN_THREEPT_ALT_PASTECART)

```
⊢ !f:real^(M,N,P)three_finite_sum -> real^Q f' i x.
  (!p:real^(M,N,P)three_finite_sum.(f has_derivative f'p)(at p)) /\
  1 <= i /\ i <= dimindex(:Q) ==>
  fstpt(jacobian f (at x)$i) =
  fstcart(jacobian (\h. f (three_pt (fstcart h)(fstcart(sndcart h))
                (sndcart(sndcart h)))))
        (at (pastecart (fstpt x)
        (pastecart (sndpt x) (trdpt x))))$i) /\
  sndpt(jacobian f (at x)$i) =
  fstcart(sndcart(jacobian (\h. f (three_pt (fstcart h)
                (fstcart(sndcart h)) (sndcart(sndcart h))))
                (at (pastecart (fstpt x)
                (pastecart (sndpt x) (trdpt x))))$i)) /\
  trdpt(jacobian f (at x)$i) =
```

```
sndcart(sndcart(jacobian (\h. f (three_pt (fstcart h)
              (fstcart(sndcart h)) (sndcart(sndcart h)))))
    (at (pastecart (fstpt x) (pastecart (sndpt x)
    (trdpt x))))$i))
```

哈密顿正则方程形式化推导证明策略中,涉及到 HOL-Light 系统 "derivative" 库中的两种微分描述形式,分别是 frechet_derivative 微分和 vector_deriva-tive 微分。其中,frechet_derivative 是 Frechet 微分,针对 $\mathbb{R}^N \to \mathbb{R}^M$ 的函数,线性函数的 Frechet 微分具有等于其本身这一特殊性质;针对 $\mathbb{R}^1 \to \mathbb{R}^M$ 函数的 vector_derivative 微分与 Frechet 微分相关。形式化描述两种微分之间的等价关系为

定理 4.7 (VECTOR_DERIVATIVE_EQ_FRECHET_DERIVATIVE)

```
⊢ !q:real^1 -> real^Q q' x.
  (!x. (q has_derivative q' x) (at x)) ==>
  vector_derivative q (at x) = q' x (basis 1)
```

4.2.2 哈密顿正则方程的形式化建模及证明策略

在理论力学中,哈密顿函数是广义坐标 q、广义动量 p 和时间 t 的函数,记作 $H = H(q, p, t)$。哈密顿函数 H 的全微分见式(4.11)。根据 4.1.2 节阐述,拉格朗日函数 $L = L(\dot{q}, q, t)$ 经过勒让德变换后亦可以得到哈密顿函数(式(4.3)),对其做全微分可得

$$\frac{\mathrm{d}H}{\mathrm{d}t} = \sum_{\alpha=1}^{s} \left(\frac{\partial H}{\partial q_\alpha} \dot{q}_\alpha + \frac{\partial H}{\partial p_\alpha} \dot{p}_\alpha \right) + \frac{\partial H}{\partial t} \tag{4.11}$$

$$\mathrm{d}H = \mathrm{d}\left[\sum_{\alpha=1}^{s} p_\alpha \dot{q}_\alpha - L \right] = \sum_{\alpha=1}^{s} \dot{q}_\alpha \mathrm{d}p_\alpha - \sum_{\alpha=1}^{s} \dot{p}_\alpha \mathrm{d}q_\alpha - \frac{\partial L}{\partial t} \mathrm{d}t \tag{4.12}$$

其中,q 表示与时间 t 有关的广义坐标,$\dot{q}$ 表示广义速度,p 表示广义动量,$\dot{p}$ 表示广义动量对时间 t 的一阶微分,L 表示 $\mathbb{R}^{(Q+Q+1)} \to \mathbb{R}$ 的拉格朗日函数,H 表示 $\mathbb{R}^{(Q+Q+1)} \to \mathbb{R}$ 的哈密顿函数。

比较式(4.11)和式(4.12)可得式(4.13),表明拉格朗日方程与哈密顿正则方程在数学上是完全等价的。

$$\begin{cases} \dfrac{\partial H}{\partial \boldsymbol{p}_\alpha} = \dot{\boldsymbol{q}}_\alpha \\[2mm] \dfrac{\partial H}{\partial \boldsymbol{q}_\alpha} = -\dot{\boldsymbol{p}}_\alpha \\[2mm] \dfrac{\partial H}{\partial t} = -\dfrac{\partial L}{\partial t} \end{cases} \tag{4.13}$$

式（4.14）为哈密顿正则方程，是形式简单且对称的 $2s$ 个一阶常微分方程组，可解决保守系统拉格朗日方程能解决的一切问题，而且其更接近于方程的积分形式，求解更具有优势。此外，它是关于系统能量的方程，不只局限于力学系统。在数学上，哈密顿正则方程描述了哈密顿函数对广义位置 $\boldsymbol{q}$ 和广义动量 $\boldsymbol{p}$ 一阶偏微分与广义动量和广义速度之间的关系。广义位置 $\boldsymbol{q}$ 和广义动量 $\boldsymbol{p}$ 称为正则变量。

$$\begin{cases} \dfrac{\partial H}{\partial \boldsymbol{p}_\alpha} = \dot{\boldsymbol{q}}_\alpha \\[2mm] \dfrac{\partial H}{\partial \boldsymbol{q}_\alpha} = -\dot{\boldsymbol{p}}_\alpha \end{cases} \tag{4.14}$$

式（4.15）表示若拉格朗日函数不显含时间 t，那么哈密顿正则方程也不显含时间 t，反之亦然。

$$\frac{\partial H}{\partial t} = -\frac{\partial L}{\partial t} \tag{4.15}$$

根据上述分析，结合哈密顿函数的形式化模型（定义 4.8），哈密顿正则方程形式化模型如下

定义 4.9 (hamilton_canonical_equations)　哈密顿正则方程形式化模型

```
let hamilton_canonical_equations = new_definition
   `hamilton_canonical_equations s s1 s2 ke ue
    (q:real^1 -> real^Q) t <=>
    (fstpt(jacobian (hamilton_function ke ue)
        (at (pqt s s1 ke ue q t) within s2)$1)
    = sndpt (qdqt s q t) /\                              ①
    sndpt(jacobian (hamilton_function ke ue)
        (at (pqt s s1 ke ue q t) within s2)$1)
    = -- vector_derivative (fst_threefpt (pqt s s1 ke ue q))
                    (at t within s) /\                   ②
        trdpt(jacobian (hamilton_function ke ue)
            (at (pqt s s1 ke ue q t) within s2)$1)
    = -- trdpt(jacobian (lagrange_function ke ue)
            (at (qdqt s q t) within s1)$1))`;;          ③
```

其中，(hamilton_functionkeue) 表示自变量为 $(\boldsymbol{p}, \boldsymbol{q}, t)$ 的哈密顿函数 H；(fst_three-fpt(pqt s s1 ke ue q)) 表示广义动量 $\boldsymbol{p}$；① 表示 $\dfrac{\partial H}{\partial \boldsymbol{p}} = \dot{\boldsymbol{q}}$；② 表示 $\dfrac{\partial H}{\partial \boldsymbol{q}} = -\dot{\boldsymbol{p}}$；③ 表示 $\dfrac{\partial H}{\partial t} = -\dfrac{\partial L}{\partial t}$。

为验证哈密顿正则方程形式化模型（定义 4.9）的正确性，证明基于高阶逻辑方法从拉格朗日方程推导出哈密顿正则方程形式化模型的过程。鉴于推导过程中涉及多元函数部分勒让德变换、拉格朗日方程、哈密顿方程等形式化定义，且用到广义坐标、广义速度、广义动量、系统动能、系统势能等具有物理概念的函数，则哈密顿正则方程推导过程需满足以下八个前提条件。

条件 1：以时间 t 为自变量的广义坐标 $\boldsymbol{q}$ 存在二阶微分，且二阶微分连续；

条件 2：拉格朗日方程成立，即 $\dfrac{\mathrm{d}}{\mathrm{d}t}\left(\dfrac{\partial L}{\partial \dot{\boldsymbol{q}}_k}\right) - \dfrac{\partial L}{\partial \boldsymbol{q}_k} = 0$ 成立；

条件 3：系统势能函数 ue 一阶可微；

条件 4：系统动能函数 ke 有一阶微分 ke′，且其一阶微分是单射函数；

条件 5：系统动能函数 ke 存在对广义速度 $\dot{\boldsymbol{q}}$ 的二阶连续偏微分 $\dfrac{\partial^2 \mathrm{ke}(\boldsymbol{q}, \dot{\boldsymbol{q}}, t)}{\partial \dot{\boldsymbol{q}}_\alpha \partial \dot{\boldsymbol{q}}_\beta}$，$\alpha, \beta = 1, 2, \cdots, s$；

条件 6：系统动能函数 ke 二阶偏微分的行列式不等于 0（动能函数 ke 一阶微分的反函数存在条件），即 $\left|\dfrac{\partial^2 \mathrm{ke}(\boldsymbol{q}, \dot{\boldsymbol{q}}, t)}{\partial \dot{\boldsymbol{q}}_\alpha \partial \dot{\boldsymbol{q}}_\beta}\right| \neq 0$ 成立；

条件 7：系统动能函数 ke 的自变量是独立变量，即 $\dfrac{\partial^2 \mathrm{ke}(\boldsymbol{q}, \dot{\boldsymbol{q}}, t)}{\partial \dot{\boldsymbol{q}} \partial(\boldsymbol{q}, t)} = 0$ 成立；

条件 8：由动能函数 ke 对广义速度 $\dot{\boldsymbol{q}}$ 的一阶偏微分 $\dfrac{\partial \mathrm{ke}(\boldsymbol{q}, \dot{\boldsymbol{q}}, t)}{\partial \dot{\boldsymbol{q}}}$、广义坐标 $\boldsymbol{q}$ 和时间 t 组成新函数 $\left(\lambda(\boldsymbol{q}, \dot{\boldsymbol{q}}, t). \left(\dfrac{\partial \mathrm{ke}(\boldsymbol{q}, \dot{\boldsymbol{q}}, t)}{\partial \dot{\boldsymbol{q}}}, \boldsymbol{q}, t\right)\right)$ 是收敛的（凸函数条件）。

结合上述前提条件，哈密顿正则方程高阶逻辑推导过程的形式化描述如定理 4.8 所示。该定理的高阶逻辑证明过程完全体现从拉格朗日方程到哈密顿正则方程的推导过程。其形式化证明策略如下。

根据拉格朗日方程和哈密顿正则方程的形式化定义重写目标。结合定理 4.8 涉及的二阶偏微分、连续函数、单射、反函数等内容，证明过程隐含 10 个需推导证明的条件。

隐含条件 1：势能函数 ue 复合类型变换函数 $(\dot{\boldsymbol{q}}, (\boldsymbol{q}, t)) \to (\boldsymbol{q}, t)$，即 ② 的变形描述；

隐含条件 2：动能函数 ke 复合类型变换函数 $(\dot{\boldsymbol{q}}, (\boldsymbol{q}, t)) \to (\boldsymbol{q}, \dot{\boldsymbol{q}}, t)$，即 ③ 的

变形描述；

隐含条件 3: 动能函数 ke 二阶偏微分 $\dfrac{\partial^2 ke(\boldsymbol{q}, \dot{\boldsymbol{q}}, t)}{\partial \dot{q}_\alpha \partial \dot{q}_\beta}$ 复合类型变换函数 $(\dot{\boldsymbol{q}}, (\boldsymbol{q}, t)) \rightarrow (\boldsymbol{q}, t)$，即 ④ 的变形描述；

隐含条件 4: 类型转换后的拉格朗日函数 L 有一阶微分，且其一阶微分等于动能的一阶微分减去势能的一阶微分，即 $\dfrac{\mathrm{d}L(\boldsymbol{q}, \dot{\boldsymbol{q}}, t)}{\mathrm{d}(\boldsymbol{q}, \dot{\boldsymbol{q}}, t)} = \dfrac{\mathrm{d}T(\boldsymbol{q}, \dot{\boldsymbol{q}}, t)}{\mathrm{d}(\boldsymbol{q}, \dot{\boldsymbol{q}}, t)} - \dfrac{\mathrm{d}V(\boldsymbol{q}, t)}{\mathrm{d}(\boldsymbol{q}, t)}$ 成立；

隐含条件 5: 类型转换的拉格朗日函数 L 有二阶偏微分 $\dfrac{\partial^2 L}{\partial \dot{q}_\alpha \partial \dot{q}_\beta}$，且其二阶偏微分等于动能的二阶偏微分，即 $\dfrac{\partial^2 L}{\partial \dot{q}_\alpha \partial \dot{q}_\beta} = \dfrac{\partial^2 T}{\partial \dot{q}_\alpha \partial \dot{q}_\beta}$ 成立；

隐含条件 6: 类型转换后的拉格朗日函数 L 的二阶偏微分 $\dfrac{\partial^2 L}{\partial \dot{q}_\alpha \partial \dot{q}_\beta}$ 连续；

隐含条件 7: 类型转换后的拉格朗日函数 L 的二阶偏微分 $\dfrac{\partial^2 L}{\partial \dot{q}_\alpha \partial \dot{q}_\beta}$ 是单射函数；

隐含条件 8: 类型转换后的拉格朗日函数 L 的二阶偏微分 $\dfrac{\partial^2 L}{\partial \dot{q}_\alpha \partial \dot{q}_\beta}$ 的行列式不等于 0；

隐含条件 9: 类型转换后的拉格朗日函数 L 的自变量相互独立，即 $\dfrac{\partial^2 L}{\partial \dot{q}_\alpha \partial (\boldsymbol{q}, t)} = 0$ 成立；

隐含条件 10: 类型转换后的拉格朗日函数 L 的一阶偏微分、广义坐标和时间组成的新函数 $\left(\lambda(\dot{\boldsymbol{q}}, (\boldsymbol{q}, t)) . \left(\dfrac{\partial L(\boldsymbol{q}, \dot{\boldsymbol{q}}, t)}{\partial \dot{\boldsymbol{q}}}, \boldsymbol{q}, t \right) \right)$ 收敛。

上述隐含条件相互关联，部分条件的证明顺序不可更改。本节将依次给出上述隐含条件的形式化表示及证明（步骤 1 ~ 步骤 10）。鉴于定理 4.8 涉及的函数或变量较为复杂，在该定理证明过程中采用 HOL-Light 系统中 "ABBREV_TAC" 对策指代一些函数或变量。

步骤 1: 势能函数 ue 复合类型变换函数 $(\dot{\boldsymbol{q}}, (\boldsymbol{q}, t)) \rightarrow (\boldsymbol{q}, t)$ 后的一阶微分形式化描述如条件 4.3 所示。基于 HOL-Light 系统微分库中的链式法则和 "CART" 库中相关定理，结合已知条件即可实现该条件的证明。

定理 4.8 (HAMILTON_CANONICAL_EQUATIONS)　哈密顿正则方程形式化验证

```
⊢ !ke ke' ke'' ue ue' f x:real^(Q,1)finite_sum -> real^3^N
  q:real^1 -> real^Q t s.
```

```
continuously_differentiable_on 2 q(:real^1) /\                    ①
(!p:real^(Q,1)finite_sum.
 (ue has_derivative (ue' p)) (at p)) /\                           ②
(!p:real^(Q,Q,1)three_finite_sum.
 (ke has_derivative (ke' p)) (at p)) /\                           ③
(!p j. 1 <= j /\ j <= dimindex(:Q) ==>
 ((\p. ke' p (basis (j + dimindex(:Q))))
  has_derivative ke'' (j + dimindex(:Q)) p) (at p)) /\            ④
(!p j k. 1 <= j /\ j <= dimindex(:Q) /\
 1 <= k /\ k <= dimindex(:Q) ==>
 (\p. ke'' (j + dimindex(:Q)) p
 (basis (k + dimindex(:Q)))) continuous at p) /\                  ⑤
(!p x y j. 1 <= j /\ j <= dimindex(:Q) /\
 ke'' (j + dimindex(:Q)) p x =
 ke'' (j + dimindex(:Q)) p y ==> x = y) /\                        ⑥
(!p. ~(det ((λ i j. drop (ke'' (i + dimindex(:Q)) p
 (basis (j + dimindex(:Q))))):real^Q^Q) = &0)) /\                ⑦
(!x dx u i j. 1 <= i /\ i <= dimindex(:Q) /\
 1 <= j /\ j <= dimindex(:(Q,1)finite_sum)
 ==> ke'' (i + dimindex(:Q)) (three_pt x dx u)
 (three_pt (fstcart(basis j:real^(Q,1)finite_sum)) (vec 0)
 (sndcart(basis j:real^(Q,1)finite_sum))) = vec 0) /\            ⑧
(!p e. &0 < e ==>
 three_pt ((λ j. drop (ke' p (basis (j + dimindex(:Q))))):real^Q)
 (fstpt p) (trdpt p) IN interior (IMAGE (\p. three_pt ((λ j.
 drop (ke' p (basis (j + dimindex(:Q))))):real^Q) (fstpt p)
 (trdpt p)) (cball (p,e)))) /\                                    ⑨
lagrange_equations (:real^1) (:real^(Q,1)finite_sum)
                   (:real^(Q,Q,1)three_finite_sum) ke ue
                   q (\t. mat 0 :real^3^N) x                      ⑩
==> hamilton_canonical_equations1 (:real^1)
    (:real^(Q,Q,1)three_finite_sum)
    (:real^(Q,Q,1)three_finite_sum) ke ue q t                    ⑪
```

其中，① 表示以时间 t 为自变量的广义坐标 q 有二阶连续微分；② 表示系统势能 ue 函数一阶可微，且其一阶微分为 ue′；③ 表示系统动能 ke 函数一阶可微，且其一阶微分为 ke′；④ 表示针对广义速度 $\dot{q}$，系统动能 ke 存在二阶偏微分 $\dfrac{\partial^2 \mathrm{ke}(\boldsymbol{q},\dot{\boldsymbol{q}},t)}{\partial \dot{q}_\alpha \partial \dot{q}_\beta}$，$\alpha,\beta = 1,2,\cdots,Q$；⑤ 表示系统动能 ke 的二阶微分 $\dfrac{\partial^2 \mathrm{ke}(\boldsymbol{q},\dot{\boldsymbol{q}},t)}{\partial \dot{q}_\alpha \partial \dot{q}_\beta}$

是连续函数；⑥ 表示系统动能 ke 函数的二阶微分 ke″ 是单射函数；⑦ 表示系统动能 ke 函数的二阶偏微分的行列式不等于 0（ke′ 的反函数存在条件）；⑧ 表示 $\dfrac{\partial^2 \text{ke}(\boldsymbol{q}, \dot{\boldsymbol{q}}, t)}{\partial \dot{\boldsymbol{q}} \partial (\boldsymbol{q}, t)} = 0$，即自变量独立；⑨ 表示函数 $\left(\lambda(\boldsymbol{q}, \dot{\boldsymbol{q}}, t). \left(\dfrac{\partial \text{ke}(\boldsymbol{q}, \dot{\boldsymbol{q}}, t)}{\partial \dot{\boldsymbol{q}}}, \boldsymbol{q}, t \right) \right)$ 是收敛的（凸函数条件）；⑩ 表示拉格朗日方程，即 $\dfrac{\mathrm{d}}{\mathrm{d}t} \left(\dfrac{\partial L}{\partial \dot{\boldsymbol{q}}_k} \right) - \dfrac{\partial L}{\partial \boldsymbol{q}_k} = 0$；⑪ 表示哈密顿正则方程。

条件 4.3（Condition1:"uedif1"）　类型转换后的势能函数 ue 的一阶微分

```
⊢ !k:real^(Q,(Q,1)finite_sum)finite_sum.
  (((ue:real^(Q,1)finite_sum -> real^1) o
  (\k. pastecart (fstcart(sndcart k))
       (sndcart(sndcart k)))) has_derivative
  (((ue':real^(Q,1)finite_sum -> real^(Q,1)finite_sum -> real^1)
  (pastecart (fstcart(sndcart k)) (sndcart(sndcart k)))) o
  (\k. pastecart (fstcart(sndcart k)) (sndcart(sndcart k)))))(at k)
```

步骤 2: 动能函数 ke 复合类型变换函数 $(\dot{\boldsymbol{q}}, (\boldsymbol{q}, t)) \rightarrow (\boldsymbol{q}, t)$ 后的一阶微分形式化描述如条件 4.4 所示。证明方法与条件 4.3 相同。

条件 4.4（Condition2:"kedif1"）　类型转换后的动能函数 ke 的一阶微分

```
⊢ !k:real^(Q,(Q,1)finite_sum)finite_sum.
  (((ke:real^(Q,Q,1)three_finite_sum -> real^1) o
  (\k. three_pt (fstcart(sndcart k)) (fstcart k)
               (sndcart(sndcart k)))) has_derivative
  (((ke':real^(Q,Q,1)three_finite_sum ->
    real^(Q,Q,1)three_finite_sum -> real^1)
    (three_pt (fstcart(sndcart k)) (fstcart k)
    (sndcart(sndcart k)))) o (\k. three_pt (fstcart(sndcart k))
    (fstcart k) (sndcart(sndcart k))))) (at k)
```

步骤 3: 动能函数的二阶偏微分 $\dfrac{\partial^2 \text{ke}(\boldsymbol{q}, \dot{\boldsymbol{q}}, t)}{\partial \dot{\boldsymbol{q}}_\alpha \partial \dot{\boldsymbol{q}}_\beta}$ 复合类型变换函数 $(\dot{\boldsymbol{q}}, (\boldsymbol{q}, t)) \rightarrow$ $(\boldsymbol{q}, t)$ 的形式化描述如条件 4.5 所示。证明方法亦与条件 4.3 相同。

条件 4.5（Condition3:"ke′dif1"）　类型转换后的动能函数 ke 的二阶偏微分

```
⊢ !p:real^(Q,(Q,1)finite_sum)finite_sum j.
  1 <= j /\ j <= dimindex(:Q) ==>
```

```
((((\p. (ke':real^(Q,Q,1)three_finite_sum ->
        real^(Q,Q,1)three_finite_sum -> real^1) p
(basis (j + dimindex(:Q)))) o (\k. three_pt (fstcart(sndcart k))
 (fstcart k) (sndcart(sndcart k))))) has_derivative
((ke'' (j + dimindex(:Q)) ((\k. three_pt (fstcart(sndcart k))
 (fstcart k) (sndcart(sndcart k))) p)) o
(\k. three_pt (fstcart(sndcart k)) (fstcart k)
 (sndcart(sndcart k))))) (at p)
```

步骤 4: 类型变换后的拉格朗日函数 L 有一阶微分 $\dfrac{\mathrm{d}L(\boldsymbol{q},\dot{\boldsymbol{q}},t)}{\mathrm{d}(\boldsymbol{q},\dot{\boldsymbol{q}},t)} = \dfrac{\mathrm{d}T(\boldsymbol{q},\dot{\boldsymbol{q}},t)}{\mathrm{d}(\boldsymbol{q},\dot{\boldsymbol{q}},t)} - \dfrac{\mathrm{d}V(\boldsymbol{q},t)}{\mathrm{d}(\boldsymbol{q},t)}$ 的形式化描述如条件 4.6 所示。基于 HOL-Light 系统微分库中的微分基本运算性质和 "CART" 库中相关定理, 结合拉格朗日函数的定义 $L(\boldsymbol{q},\dot{\boldsymbol{q}},t) = T(\boldsymbol{q},\dot{\boldsymbol{q}},t) - V(\boldsymbol{q},t)$ 和已证明的隐含条件 4.3 ～ 隐含条件 4.5 可实现该条件的证明。

为简化后续目标的形式化表达, 运用 HOL-Light 系统中 "ABBREV_TAC" 策略, 以 laf 指代拉格朗日函数 L, 以 laf1' 指代变形后的拉格朗日函数的一阶微分 $\dfrac{\mathrm{d}T(\boldsymbol{q},\dot{\boldsymbol{q}},t)}{\mathrm{d}(\boldsymbol{q},\dot{\boldsymbol{q}},t)} - \dfrac{\mathrm{d}V(\boldsymbol{q},t)}{\mathrm{d}(\boldsymbol{q},t)}$, 对应的形式化描述如简化描述 4.1 和简化描述 4.2 所示。

条件 4.6 (Condition4:"lafdif") 类型转换后的拉格朗日函数 L 有一阶微分,
$$\frac{\mathrm{d}L(\boldsymbol{q},\dot{\boldsymbol{q}},t)}{\mathrm{d}(\boldsymbol{q},\dot{\boldsymbol{q}},t)} = \frac{\mathrm{d}T(\boldsymbol{q},\dot{\boldsymbol{q}},t)}{\mathrm{d}(\boldsymbol{q},\dot{\boldsymbol{q}},t)} - \frac{\mathrm{d}V(\boldsymbol{q},t)}{\mathrm{d}(\boldsymbol{q},t)}$$

```
⊢ !p.
  (((lagrange_function ke ue) o
  (\k:real^(Q,(Q,1)finite_sum)finite_sum.
  three_pt (fstcart(sndcart k)) (fstcart k) (sndcart(sndcart k))))
  has_derivative (\h. (((ke':real^(Q,Q,1)three_finite_sum ->
  real^(Q,Q,1)three_finite_sum -> real^1)
  (three_pt (fstcart(sndcart p)) (fstcart p)
  (sndcart(sndcart p)))) o
  (\k. three_pt (fstcart(sndcart k)) (fstcart k)
  (sndcart(sndcart k)))) h - (((ue':real^(Q,1)finite_sum ->
      real^(Q,1)finite_sum -> real^1)
  (pastecart (fstcart(sndcart p)) (sndcart(sndcart p)))) o
  (\k. pastecart (fstcart(sndcart k)) (sndcart(sndcart k)))) h))
  (at p)
```

简化描述 4.1 (Substitution1:"laf") 拉格朗日函数 L 的描述简化

```
⊢ laf =
  lagrange_function (ke:real^(Q,Q,1)three_finite_sum -> real^1) ue
```

简化描述 4.2 (Substitution2:"laf1'")　拉格朗日函数 L 一阶微分的描述简化

```
⊢ laf1' p = (\h. (((ke':real^(Q,Q,1)three_finite_sum ->
                        real^(Q,Q,1)three_finite_sum -> real^1)
  (three_pt (fstcart(sndcart p)) (fstcart p)
  (sndcart(sndcart p)))) o
  (\k. three_pt (fstcart(sndcart k)) (fstcart k)
  (sndcart(sndcart k)))) h - (((ue':real^(Q,1)finite_sum ->
                        real^(Q,1)finite_sum -> real^1)
  (pastecart (fstcart(sndcart p)) (sndcart(sndcart p)))) o
  (\k. pastecart (fstcart(sndcart k)) (sndcart(sndcart k)))) h)
```

步骤 5: 类型转换后的拉格朗日函数 L 有二阶偏微分且 $\dfrac{\partial^2 L}{\partial \dot{q}_\alpha \partial \dot{q}_\beta} = \dfrac{\partial^2 T}{\partial \dot{q}_\alpha \partial \dot{q}_\beta}$ 的形式化描述如条件 4.7 所示。首先根据条件 4.6 重写目标；然后根据势能函数与广义速度无关，证明式（4.16）成立；最后结合 HOL-Light 系统 "CART" 库相关定理和向量库的基本运算性质等完成条件 4.7 的证明。

$$\frac{\partial L}{\partial \dot{q}_\alpha} = \frac{\partial T}{\partial \dot{q}_\alpha}, \quad \alpha = 1, 2, \cdots, s \tag{4.16}$$

为简化后续目标的形式化表达，运用 HOL-Light 系统中 "ABBREV_TAC" 对策，以 laf1″ 指代类型转换后的拉格朗日函数的二阶偏微分 $\dfrac{\partial^2 T(\boldsymbol{q}, \dot{\boldsymbol{q}}, t)}{\partial \dot{q}_\alpha \partial \dot{q}_\beta}$，其形式化描述如简化描述 4.3 所示。

条件 4.7 (Condition5:"laf1'dif")　类型转换后的拉格朗日函数 L 有二阶偏微分，且 $\dfrac{\partial^2 L}{\partial \dot{q}_\alpha \partial \dot{q}_\beta} = \dfrac{\partial^2 T}{\partial \dot{q}_\alpha \partial \dot{q}_\beta}$

```
⊢ !p j.
  1 <= j /\ j <= dimindex(:Q) ==>
  ((\p. (laf1':real^(Q,(Q,1)finite_sum)finite_sum ->
        real^(Q,(Q,1)finite_sum)finite_sum -> real^1) p (basis j))
  has_derivative ((ke'':num -> real^(Q,Q,1)three_finite_sum ->
       real^(Q,Q,1)three_finite_sum -> real^1)
  (j + dimindex(:Q)) (three_pt (fstcart (sndcart p)) (fstcart p)
```

```
(sndcart (sndcart p))) o (\h. three_pt (fstcart (sndcart h))
(fstcart h) (sndcart (sndcart h))))) (at p)
```

简化描述 4.3 (Substitution3:"laf1‴") 类型转换后的拉格朗日函数二阶偏微分的简化描述

```
⊢ laf1'' j p = ((ke'':num -> real^(Q,Q,1)three_finite_sum ->
        real^(Q,Q,1)three_finite_sum -> real^1) (j + dimindex(:Q))
(three_pt (fstcart (sndcart p)) (fstcart p)
(sndcart (sndcart p))) o (\h. three_pt (fstcart (sndcart h))
(fstcart h) (sndcart (sndcart h))))
```

步骤 6: 类型转换后的拉格朗日函数 L 的二阶偏微分 $\dfrac{\partial^2 L}{\partial \dot{q}_\alpha \partial \dot{q}_\beta}$ 是连续函数,其形式化描述如条件 4.8 所示。该条件的证明涉及复合函数的相关性质。在 HOL-Light 系统拓扑库中有复合函数连续性定理 (定理 4.9),即两个连续函数的复合函数必定是连续函数。

定理 4.9 复合函数的连续性

```
⊢ !f g x.
  f continuous (at x) /\ g continuous (at (f x)) ==>
  (g o f) continuous (at x)
```

鉴于类型变换函数 $(\dot{q}, (q, t)) \to (q, \dot{q}, t)$ 是线性函数,通过逆推复合函数的连续性定理,结合线性函数的连续性,可将原目标简化为动能函数的二阶偏微分 $\dfrac{\partial^2 T(q, \dot{q}, t)}{\partial \dot{q}_\alpha \partial \dot{q}_\beta}$ 的连续性。根据系统动能函数满足二阶偏微分的连续性(条件 5)即可实现条件 4.8 的证明。

条件 4.8 (Condition6:"laf1″con") 类型转换后的拉格朗日函数 L 的二阶偏微分 $\dfrac{\partial^2 L}{\partial \dot{q}_\alpha \partial \dot{q}_\beta}$ 是连续函数

```
⊢ !p j k.
  1 <= j /\ j <= dimindex(:Q) /\ 1 <= k /\ k <= dimindex(:Q) ==>
  (\p. (laf1'':num -> real^(Q,(Q,1)finite_sum)finite_sum ->
       real^(Q,(Q,1)finite_sum)finite_sum -> real^1) j p
  (basis k)) continuous at p
```

步骤 7: 类型变换后的拉格朗日函数 L 的二阶偏微分 $\dfrac{\partial^2 L}{\partial \dot{\boldsymbol{q}}_\alpha \partial \dot{\boldsymbol{q}}_\beta}$ 是单射函数, 其形式化描述如条件 4.9 所示。根据已知条件动能函数 ke 的二阶偏微分是单射 (前提条件 ⑥) 和条件 4.7 可实现条件 4.9 的形式化证明。

条件 4.9 (Condition7:"laf1″inj")　类型变换后的拉格朗日函数 L 的二阶偏微分 $\dfrac{\partial^2 L}{\partial \dot{\boldsymbol{q}}_\alpha \partial \dot{\boldsymbol{q}}_\beta}$ 是单射函数

```
⊢ !p x y j.
  1 <= j /\ j <= dimindex(:Q) /\
  (laf1'':num -> real^(Q,(Q,1)finite_sum)finite_sum ->
   real^(Q,(Q,1)finite_sum)finite_sum -> real^1)
  j p x = laf1'' j p y ==> x = y
```

步骤 8: 类型变换后的拉格朗日函数 L 的二阶偏微分 $\dfrac{\partial^2 L}{\partial \dot{\boldsymbol{q}}_\alpha \partial \dot{\boldsymbol{q}}_\beta}$ 的行列式不等于 0 形式化描述如条件 4.10 所示。根据动能函数 ke 二阶偏微分行列式不等于 0 (前提条件 ⑦) 和条件 4.7 即可实现该证明。

条件 4.10 (Condition8:"laf1″nz")　类型变换后的拉格朗日函数 L 的二阶偏微分 $\dfrac{\partial^2 L}{\partial \dot{\boldsymbol{q}}_\alpha \partial \dot{\boldsymbol{q}}_\beta}$ 的行列式不等于 0

```
⊢ !p.
  ~(det((λ i j.
     drop ((laf1'':num -> real^(Q,(Q,1)finite_sum)finite_sum ->
            real^(Q,(Q,1)finite_sum)finite_sum -> real^1) i
     p (basis j))):real^Q^Q) = &0)
```

步骤 9: 广义坐标、广义速度是独立变量, 即 $\dfrac{\partial^2 L}{\partial \dot{\boldsymbol{q}}_\alpha \partial(\boldsymbol{q},t)} = 0$, 其形式化描述如条件 4.11 所示。利用独立变量成立条件 (前提条件 ⑧) 和条件 4.7 即可证明条件 4.11 成立。

条件 4.11 (Condition9:"laf1idp")　广义坐标、广义速度是独立变量, 即 $\dfrac{\partial^2 L}{\partial \dot{\boldsymbol{q}}_\alpha \partial(\boldsymbol{q},t)} = 0$

```
⊢ !x u i j.
  1 <= i /\ i <= dimindex(:Q) /\
  1 <= j /\ j <= dimindex(:(Q,1)finite_sum) ==>
```

```
(laf1'':num -> real^(Q,(Q,1)finite_sum)finite_sum ->
 real^(Q,(Q,1)finite_sum)finite_sum -> real^1) i
(pastecart x u) (pastecart (vec 0) (basis j)) = vec 0
```

步骤 10: 类型转换后的拉格朗日函数的一阶偏微分、广义坐标和时间组合成的新函数 $\left(\lambda(\dot{\boldsymbol{q}},(\boldsymbol{q},t)).\left(\dfrac{\partial L(\boldsymbol{q},\dot{\boldsymbol{q}},t)}{\partial \dot{\boldsymbol{q}}},\boldsymbol{q},t\right)\right)$ 收敛，其形式化描述如条件 4.12 所示。

首先基于拉格朗日函数的定义，即 $L(\boldsymbol{q},\dot{\boldsymbol{q}},t)=T(\boldsymbol{q},\dot{\boldsymbol{q}},t)-V(\boldsymbol{q},t)$，重写目标。然后利用势能函数与广义速度无关 $\dfrac{\partial L}{\partial \dot{q}_\alpha}=\dfrac{\partial T}{\partial \dot{q}_\alpha}$，$\alpha=1,2,\cdots,s$ 这一特点，结合凸函数条件 (前提条件 ⑨) 和条件 4.7 即可证明条件 4.12 成立。

条件 4.12 (Condition10:"laf1′convg") 类型转换后的拉格朗日函数的一阶偏微分、广义坐标和时间组合成的新函数 $\left(\lambda(\dot{\boldsymbol{q}},(\boldsymbol{q},t)).\left(\dfrac{\partial L(\boldsymbol{q},\dot{\boldsymbol{q}},t)}{\partial \dot{\boldsymbol{q}}},\boldsymbol{q},t\right)\right)$ 收敛

```
⊢ !p e.
 &0 < e ==>
 pastecart ((λ j. drop((laf1':real^(Q,(Q,1)finite_sum)finite_sum->
  real^(Q,(Q,1)finite_sum)finite_sum->real^1) p(basis j))):real^Q)
 (sndcart p) IN interior (IMAGE (\p. pastecart
 ((λa j. drop (laf1' p (basis j))):real^Q) (sndcart p))
 (cball (p,e)))
```

至此，定理 4.8 证明所需条件均证明完毕，哈密顿正则方程的高阶逻辑形式化推导过程如下所述。

对保守系统拉格朗日方程 (式（4.2）) 进行移项（式（4.17）），即重写前提条件 ⑩。

$$\frac{\mathrm{d}}{\mathrm{d}t}\left(\frac{\partial L}{\partial \dot{\boldsymbol{q}}}\right)=\frac{\partial L}{\partial \boldsymbol{q}} \tag{4.17}$$

将广义动量（定义 4.6）代入拉格朗日方程，再次重写前提条件 ⑩（式（4.17）），可得

$$\dot{p}=\frac{\mathrm{d}\boldsymbol{p}}{\mathrm{d}t}=\frac{\partial L}{\partial \boldsymbol{q}} \tag{4.18}$$

对于广义有势系统, 广义动量定义如下

$$p_a = \frac{\partial T}{\partial \dot{q}_a} = \frac{\partial L}{\partial \dot{q}_a}, \quad a = 1, 2, \cdots, s \tag{4.19}$$

利用式 (4.18), 哈密顿函数的形式化定义 (定义 4.8) 和哈密顿正则方程的形式化定义 (定义 4.9) 重写目标, 待证目标数学描述如下

$$\begin{cases} \dfrac{\partial \mathscr{L}L(\dot{q}, q, t)}{\partial p} = \dot{q} \\ \dfrac{\partial \mathscr{L}L(\dot{q}, q, t)}{\partial q} = -\dot{p} = -\dfrac{\partial L}{\partial q} \\ \dfrac{\partial \mathscr{L}L(\dot{q}, q, t)}{\partial t} = -\dfrac{\partial L}{\partial t} \end{cases} \tag{4.20}$$

由式 (4.20) 可知, 定理 4.8 证明过程涉及从拉格朗日函数到哈密顿函数的变换, 即多元函数部分勒让德变换。所以, 多元函数的部分勒让德变换固有属性 (属性 3.3) 的特殊化是推导定理 4.8 所需关键定理之一。多元函数的部分勒让德变换的固有属性 (属性 3.3) 特殊化为

定理 4.10 (PART_LEGENDRE_TRANS_DERIVATIVE) 多元函数的部分勒让德变换的固有属性特殊化

```
⊢ (!p. ((\k. lagrange_function ke ue
  three_pt (fstcart (sndcart k)) (fstcart k)
  (sndcart (sndcart k)))) has_derivative laf1' p) (at p)) /\
  (!p j. 1 <= j /\ j <= dimindex(:Q) ==>
  ((\p. laf1' p (basis j)) has\_derivative laf1'' j p) (at p)) /\
  (!p j k. 1 <= j /\ j <= dimindex(:Q) /\
   1 <= k /\ k <= dimindex(:Q) ==>
   ((\p. laf1'' j p (basis k)) continuous at p) /\
  (!p x y j.\; 1 <= j /\ j <= dimindex(:Q) /\
   laf1'' j p x =  laf1'' j p y ==> x = y) /\
  (!p. ~(det (λ i j. drop (laf1'' i p (basis j))) = &0)) /\
  (!x u i j. 1 <= i /\ i <= dimindex(:Q) /\
   1 <= j /\ j <= dimindex (:(Q,1)finite_sum) ==>
   laf1'' i (pastecart x u)
  (pastecart (vec 0) (basis j)) = vec 0) /\
  (!p e. &0 < e ==> (pastecart ((λ j.
   drop(laf1' p (basis j))) (sndcart p)) IN interior
   (IMAGE (\p. pastecart ((λ j. drop(laf1' p (basis j)))
```

```
 (sndcart p)) (cball(p,e)))) ==>
 fstcart (jacobian (legendre_trans_part1
 (\k. lagrange_function ke ue
 (three_pt (fstcart (sndcart k)) (fstcart k)
 (sndcart (sndcart k))))) (at ((\p. pastecart (fstcart (jacobian
 (\k. lagrange_function ke ue
 (three_pt (fstcart (sndcart k)) (fstcart k)
 (sndcart (sndcart k)))) (at p)$1)) (sndcart p))
 (pastecart (higher_vector_derivative 1 q(:real^1) t)
 (pastecart (q t) t))))$(sndcart p)) (cball (p,e)))) fstcart
(jacobian(legendre_trans_part1 (\k. lagrange_function ke ue
 (three_pt (fstcart (sndcart k)) (fstcart k)
 (sndcart (sndcart k))))) (at((\p. pastecart (fstcart
 (jacobian (\k. lagrange_function ke ue
 (three_pt (fstcart (sndcart k)) (fstcart k)
 (sndcart (sndcart k))))at p)$1))
 (sndcart p))(pastecart (higher_vector_derivative 1 q (:real^1 t)
 (pastecart (q t) t))))\$1) =
higher_vector_derivative 1 q (:real^1) t /\
 sndcart (jacobian (legendre_trans_part1
 (\k. lagrange_function ke ue (three_pt (fstcart (sndcart k))
 (fstcart k) (sndcart (sndcart k)))))
 (at((\p. pastecart(fstcart(jacobian(\k. lagrange_function ke ue
 (three_pt (fstcart (sndcart k)) (fstcart k)
 (sndcart (sndcart k))))(at p)$1))
 (sndcart p))(pastecart (higher_vector_derivative 1 q(:real^1 t)
 (pastecart (q t) t))))$1) =
--sndcart (jacobian(\k. lagrange_function ke ue
 (three_pt (fstcart (sndcart k))(fstcart k)(sndcart(sndcart k))))
 (at (pastecart (higher_vector_derivative 1 q (:real^1 t)
 (pastecart (q t) t)))$1)
```

基于定理 4.10，结合条件 4.6 ~ 条件 4.12，待证目标数学描述简化为

$$\begin{cases} \dfrac{\partial \mathscr{L}L(\dot{\boldsymbol{q}},\boldsymbol{q},t)}{\partial \boldsymbol{p}} = \dot{\boldsymbol{q}} \\[3mm] \dfrac{\partial \mathscr{L}L(\dot{\boldsymbol{q}},\boldsymbol{q},t)}{\partial (\boldsymbol{q},t)} = -\dfrac{\partial L}{\partial (\boldsymbol{q},t)} \end{cases} \tag{4.21}$$

利用偏微分类型变换相关定理（定理 4.4 ~ 定理 4.6），结合式（4.22）所示的数学推导过程，对比式（4.11）和式（4.12）哈密顿函数的全微分，完成定理 4.8 的

高阶逻辑推导。

$$\frac{\partial \mathscr{L}L(\dot{q},q,t)}{\partial(q,t)} = \left(\frac{\partial \mathscr{L}L(\dot{q},q,t)}{\partial q}, \frac{\partial \mathscr{L}L(\dot{q},q,t)}{\partial t}\right)$$

$$= \left(-\frac{\partial L}{\partial q}, -\frac{\partial L}{\partial t}\right) \tag{4.22}$$

$$= -\frac{\partial L}{\partial(q,t)}$$

此外，为体现哈密顿力学相较于拉格朗日力学的优势。根据定义 4.9，形式化推导哈密顿函数对时间的偏导数等于其对时间的全导数这一属性（属性 4.6）。该属性的数学表示如式（4.23）所示，说明若系统的哈密顿函数不显含时间 t，则哈密顿函数 H 一定与时间 t 无关的常量。在物理上代表哈密顿函数是守恒量，因而，哈密顿方法比拉格朗日方法更具普适性。

$$\frac{\mathrm{d}H}{\mathrm{d}t} = \frac{\partial H}{\partial t} \tag{4.23}$$

属性 4.6 (HAMILTON_VECTOR_DERIVATIVE_EQ_JACOBIAN) 哈密顿函数微分性质 $\frac{\mathrm{d}H}{\mathrm{d}t} = \frac{\partial H}{\partial t}$

```
⊢ !ke ke' ke'' ue ue' x:real^(Q,1)finite_sum -> real^3^N
  q:real^1->real^Q t.
  continuously_differentiable_on 2 q (:real^1) /\
  (!p:real^(Q,1)finite_sum. (ue has_derivative (ue' p)) (at p)) /\
  (!p:real^(Q,Q,1)three_finite_sum.
   (ke has_derivative (ke' p)) (at p)) /\
  (!p j. 1 <= j /\ j <= dimindex(:Q) ==>
   ((\p. ke' p (basis (j + dimindex(:Q)))) has_derivative
   ke'' (j + dimindex(:Q)) p) (at p)) /\
  (!p j k. 1 <= j /\ j <= dimindex(:Q) /\
   1 <= k /\ k <= dimindex(:Q) ==>
   (\p. ke'' (j + dimindex(:Q)) p
   (basis (k + dimindex(:Q)))) continuous at p) /\
  (!p x y j. 1 <= j /\ j <= dimindex(:Q) /\
   ke'' (j + dimindex(:Q)) p x =
   ke'' (j + dimindex(:Q)) p y ==> x = y) /\
  (!p. ~(det ((\ i j. drop (ke'' (i + dimindex(:Q)) p
   (basis (j + dimindex(:Q))))):real^Q^Q) = &0)) /\
  (!x dx u i j. 1 <= i /\ i <= dimindex(:Q) /\
```

```
1 <= j /\ j <= dimindex(:(Q,1)finite_sum) ==>
ke'' (i + dimindex(:Q)) (three_pt x dx u)
(three_pt (fstcart(basis j :real^(Q,1)finite_sum)) (vec 0)
(sndcart(basis j :real^(Q,1)finite_sum))) = vec 0) /\
(!p e. &0 < e ==> three_pt ((λ j.
drop (ke' p (basis (j + dimindex(:Q))))):real^Q)
(fstpt p) (trdpt p) IN interior (IMAGE (\p. three_pt ((λ j.
drop (ke' p (basis (j + dimindex(:Q))))):real^Q)
(fstpt p) (trdpt p)) (cball (p,e)))) /\
lagrange_equations (:real^1) (:real^(Q,1)finite_sum)
(:real^(Q,Q,1)three_finite_sum) ke ue
q (\t. mat 0 :real^3^N) x ==>
vector_derivative (\t. hamilton_function ke ue
(pqt (:real^1) (:real^(Q,Q,1)three_finite_sum) ke ue q t))
(at t) = trdpt(jacobian (hamilton_function ke ue)
(at (pqt (:real^1)(:real^(Q,Q,1)three_finite_sum) ke ue q t))$1)
```

该性质需通过哈密顿正则方程推导得出，其前提条件与哈密顿正则方程推导过程定理前提条件一致。通过 HOL-Light 系统微分库中的链式法则，结合式（4.11）和定理 4.8 即可实现性质 4.6 的形式化证明。

4.3   泊松括号与泊松定理的形式化

在物理学中，泊松括号[18] 是在哈密顿矢量场上导出的一个特殊操作，即给辛流形上函数空间一个李代数结构，使哈密顿正则方程具有完全对称的辛形式。泊松定理（这里不是指概率论中更为人熟知的泊松中心极限定理）提供了一条寻找运动积分的新途径。泊松括号与泊松定理是在寻找保守系统和有势系统的哈密顿正则方程的运动积分中提出来的。因此，泊松括号与泊松定理的形式化对于哈密顿正则方程简化具有重要意义。

4.3.1   泊松括号形式化描述及其性质形式化证明

在数学中，泊松括号是作用在辛流形上函数的一个重要二元运算缩写，参与泊松括号运算的两个函数是辛流形上函数空间内的元素，是关于正则变量 $(\boldsymbol{q}_i, \boldsymbol{p}_i)$ 和时间 t 的函数。已知两个形如 $f = f(\boldsymbol{q}_i, \boldsymbol{p}_i, t)$，$g = g(\boldsymbol{q}_i, \boldsymbol{p}_i, t)$，满足式（4.24）所示的运算规则。

$$[f, g] = \sum_{i=1}^{n} \left(\frac{\partial f}{\partial \boldsymbol{q}_i} \frac{\partial g}{\partial \boldsymbol{p}_i} - \frac{\partial f}{\partial \boldsymbol{p}_i} \frac{\partial g}{\partial \boldsymbol{q}_i} \right) \tag{4.24}$$

其中，$[\boldsymbol{q}_i, \boldsymbol{q}_j] = [\boldsymbol{p}_i, \boldsymbol{p}_j] = 0$，$[\boldsymbol{q}_i, \boldsymbol{p}_j] = \delta_{ij} = \begin{cases} 1, i = j \\ 0, i \neq j \end{cases}$，$\delta_{ij}$ 被称为克朗内克常数。

上述运算方式被称为泊松括号。辛流形上两个函数的泊松括号本身也是辛流形上关于正则变量和时间的函数。

泊松括号运算规则的形式化描述为

定义 4.10(pson_bracket)　泊松括号形式化描述

```
let pson_bracket = new_definition
    `pson_bracket (f:real^(N,N,1)three_finite_sum -> real^1)
                  (g:real^(N,N,1)three_finite_sum -> real^1) =
  (\x. lift(fstsnd (row 1 (jacobian f (at x))) sym_dot
  fstsnd (row 1 (jacobian g (at x)))))`;;
```

其中，"fstsnd (row 1 (jacobian f (at x)))" 表示 $\dfrac{\partial f}{\partial \boldsymbol{x}_i}, i = 1, \cdots, 2n$。

泊松括号描述了一个建立在辛流形上函数空间的反对称结构。基于在 HOL-Light 定理证明器上开发的辛几何与辛群定理证明库，对泊松括号的常用性质，包括反对称性性质、双线性性质、偏微分性质、莱布尼兹法则和雅可比恒等式等性质进行高阶逻辑形式化证明。

根据泊松括号的定义可知，它是辛流形上的一种交换代数，具有反对称性，即

$$[f, g] = -[g, f] \tag{4.25}$$

其中，f，g 是辛流形上的 $\mathbb{C}^\infty$ 函数。

泊松括号的反对称性可形式化为

定理 4.11(POISSON_BRACKET_ANTISYM)　*泊松括号反对称性*

```
⊢ !(f:real^(N,N,1)three_finite_sum -> real^1)
   (g:real^(N,N,1)three_finite_sum -> real^1).
  pson_bracket f g =  -- (pson_bracket g f)
```

显然，如果交换泊松括号中任意两个参数的顺序，则结果互为相反数。

根据泊松括号的反对称性，可以获得三个简单推论，其数学表达式如下

$$[f, f] = 0 \tag{4.26}$$

$$[C, f] = 0, \ C \ 为常函数 \tag{4.27}$$

$$[f, C] = 0, \quad C \text{ 为常函数} \tag{4.28}$$

上述三个推论可形式化描述为

定理 4.12 (POISSON_BRACKET_ZERE_PROPERTY) 零化性质

```
⊢ !f:real^(N,N,1)three_finite_sum -> real^1.
  pson_bracket f f = K (vec 0)
```

定理 4.13 (POISSON_BRACKET_LCONST) 泊松括号左侧输入参数是常函数

```
⊢ !f:real^(N,N,1)three_finite_sum -> real^1 c.
  pson_bracket (λ x. c) f = K (vec 0)
```

定理 4.14 (POISSON_BRACKET_RCONST) 泊松括号右侧输入参数是常函数

```
⊢ !f:real^(N,N,1)three_finite_sum -> real^1 c.
  pson_bracket f (λ x. c) = K (vec 0)
```

其中，K (vec 0) 表示函数值为 0 的常函数；$(\lambda x.\ c)$ 表示函数值为常数的函数。

已知 f、g 是辛流形上的 $\mathbb{C}^\infty$ 函数，c 是实数域 $\mathbb{R}$ 上的常数，对于泊松括号运算存在关系式如下

$$c[f, g] = [cf, g], \quad c \text{ 为实数} \tag{4.29}$$

$$c[f, g] = [f, cg], \quad c \text{ 为实数} \tag{4.30}$$

上述性质可以定义为泊松括号的齐性，形式化为

定理 4.15 (POISSON_BRACKET_LMUL_CONST) 泊松括号的齐次性：左乘常数

```
⊢ !f:real^(N,N,1)three_finite_sum -> real^1 g c.
  f differentiable_on UNIV /\ g differentiable_on UNIV ==>
  mechfun_mul c (pson_bracket f g)=pson_bracket (mechfun_mul c f) g
```

定理 4.16 (POISSON_BRACKET_RMUL_CONST) 泊松括号的齐次性：右乘常数

```
⊢ !f:real^(N,N,1)three_finite_sum -> real^1 g c.
  f differentiable_on UNIV /\ g differentiable_on UNIV ==>
  mechfun_mul c (pson_bracket f g)=pson_bracket f (mechfun_mul c g)
```

其中，f differentiable_on UNIV 表示函数 f 全域可微；mechfun_mul 表示实数与函数相乘。

$\mathbb{C}^\infty$ 函数空间上存在函数 f、g 和 h，泊松括号运算还存在如式 (4.31) 和式 (4.32) 所示的加法性质。

$$[f+g,h] = [f,h]+[g,h] \tag{4.31}$$

$$[f,g+h] = [f,g]+[f,h] \tag{4.32}$$

泊松括号加法性质可形式化

定理4.17(POISSON_BRACKET_LADD)　*泊松括号的加法性质: 左侧加法*

```
⊢ !f:real^(N,N,1)three_finite_sum -> real^1 g h.
  f differentiable_on UNIV /\ g differentiable_on UNIV /\
  h differentiable_on UNIV ==>
  pson_bracket (f + g) h = pson_bracket f h + pson_bracket g h
```

定理4.18(POISSON_BRACKET_RADD)　*泊松括号的加法性质: 右侧加法*

```
⊢ !f:real^(N,N,1)three_finite_sum -> real^1 g h.
  f differentiable_on UNIV /\ g differentiable_on UNIV /\
  h differentiable_on UNIV ==>
  pson_bracket f (g + h) = pson_bracket f g + pson_bracket f h
```

同理，泊松括号减法也满足类似的性质，本节不再赘述。

根据上述泊松括号运算的齐性和加性，易知泊松括号满足双线性性质，其数学描述如下

$$[af+bg,h] = a[f,h]+b[g,h] \tag{4.33}$$

$$[f,ag+bh] = a[f,g]+b[f,h] \tag{4.34}$$

双线性性质可以形式化为

定理 4.19(POISSON_BRACKET_BILINEAR1)　双线性性质 1

```
⊢ !a b f:real^(N,N,1)three_finite_sum -> real^1 g h.
  f differentiable_on UNIV /\ g differentiable_on UNIV /\
  h differentiable_on UNIV ==>
  pson_bracket ((mechfun_mul a f) + (mechfun_mul b g)) h =
  mechfun_mul a (pson_bracket f h) +
  mechfun_mul b (pson_bracket g h)
```

定理 4.20 (POISSON_BRACKET_BILINEAR2) 双线性性质 2

```
⊢ !a b f:real^(N,N,1)three_finite_sum -> real^1 g h.
  f differentiable_on UNIV /\ g differentiable_on UNIV /\
  h differentiable_on UNIV ==>
  pson_bracket f ((mechfun_mul a g) + (mechfun_mul b h)) =
  mechfun_mul a (pson_bracket f g) +
  mechfun_mul b (pson_bracket f h)
```

此外，莱布尼兹规则即乘积法则是泊松括号的一个重要性质。如式（4.35）和式（4.36）所示，泊松括号莱布尼兹法则类似于微积分中两个函数积的导数公式 $(f \cdot g)' = f' \cdot g + f \cdot g'$。

$$[f, gh] = [f, g]h + g[f, h] \tag{4.35}$$

$$[fg, h] = [f, h]g + f[g, h] \tag{4.36}$$

泊松括号莱布尼兹法则形式化如定理 4.21 和定理 4.22 所示，基于泊松括号的定义和多元分析库中的一些定理很容易证明这两个性质。

定理 4.21 (POISSON_BRACKET_LEIBNIZ_RULE1) 莱布尼兹法则 1

```
⊢ !f:real^(N,N,1)three_finite_sum -> real^1 g h.
  f differentiable_on UNIV /\ g differentiable_on UNIV /\
  h differentiable_on UNIV ==>
  pson_bracket f (\x. lift(g x dot h x)) =
  (\x. lift ((pson_bracket f g x) dot h x) +
  lift (g x dot (pson_bracket f h x)))
```

定理 4.22 (POISSON_BRACKET_LEIBNIZ_RULE2) 莱布尼兹法则 2

```
⊢ !f:real^(N,N,1)three_finite_sum -> real^1 g h.
  f differentiable_on UNIV /\ g differentiable_on UNIV /\
  h differentiable_on UNIV ==>
```

```
pson_bracket (\x. lift(f x dot g x)) h  =
(\x. lift (pson_bracket f h x dot g x) +
lift (f x dot (pson_bracket g h x)))
```

在椭圆函数理论中，存在一个形如 $[X,[Y,Z]]+[Y,[Z,X]]+[Z,[X,Y]]=0$ 的恒等式，这就是著名的雅可比恒等式。然后，基于辛空间的泊松代数就满足雅可比恒等式的代数结构，因此，雅可比恒等式是泊松括号的一个重要性质。这一性质在证明泊松定理中将起着决定性的作用。泊松括号的雅可比恒等式如下

$$[f,[g,h]]+[g,[h,f]]+[h,[f,g]]=0 \tag{4.37}$$

泊松括号的雅可比恒等式形式化描述为

定理 4.23 (POISSON_BRACKET_JACOBIAN_IDENTITY) 雅可比恒等式。

```
⊢ !f:real^(N,N,1)three_finite_sum -> real^1 g h.
  f differentiable_on UNIV /\ g differentiable_on UNIV /\      ①
  h differentiable_on UNIV /\                                   ②
  (\x. row 1 (jacobian f (at x))) differentiable_on UNIV /\     ③
  (\x. row 1 (jacobian g (at x))) differentiable_on UNIV /\     ④
  (\x. row 1 (jacobian h (at x))) differentiable_on UNIV /\     ⑤
  (!j. 1 <= j /\ j <= dimindex(:(N,N,1)three_finite_sum) ==>
  (\x. frechet_derivative (\x. row 1 (jacobian f (at x)))
      (at x) (basis j)) continuous_on UNIV) /\                  ⑥
  (!j. 1 <= j /\ j <= dimindex(:(N,N,1)three_finite_sum) ==>
  (\x. frechet_derivative (\x. row 1 (jacobian g (at x)))
      (at x) (basis j)) continuous_on UNIV) /\                  ⑦
  (!j. 1 <= j /\ j <= dimindex(:(N,N,1)three_finite_sum) ==>
  (\x. frechet_derivative (\x. row 1 (jacobian h (at x)))
      (at x) (basis j)) continuous_on UNIV)                     ⑧
  ==> pson_bracket f (pson_bracket g h) +
      pson_bracket g (pson_bracket h f) +
      pson_bracket h (pson_bracket f g) = K (vec 0)             ⑨
```

其中，① 和 ② 表示函数 f、g 和 h 在讨论域内是可微的；③、④ 和 ⑤ 分别表示 $\dfrac{\partial f}{\partial \boldsymbol{x}_i}$、$\dfrac{\partial g}{\partial \boldsymbol{x}_i}$ 和 $\dfrac{\partial h}{\partial \boldsymbol{x}_i}$ 在讨论域内是可微的；⑥、⑦ 和 ⑧ 分别表示 $\dfrac{\partial^2 f}{\partial \boldsymbol{x}_i \partial \boldsymbol{y}_j}$、$\dfrac{\partial^2 g}{\partial \boldsymbol{x}_i \partial \boldsymbol{y}_j}$ 和 $\dfrac{\partial^2 h}{\partial \boldsymbol{x}_i \partial \boldsymbol{y}_j}$ 在讨论域内是连续的；⑨ 表示如式 (4.37) 所示的结论。

式（4.38）描述了泊松括号最后一个重要性质，即泊松括号偏微分性质。

$$\frac{\partial}{\partial \boldsymbol{u}}[f,g] = \left[\frac{\partial f}{\partial \boldsymbol{u}}, g\right] + \left[f, \frac{\partial g}{\partial \boldsymbol{u}}\right] \tag{4.38}$$

其中，$\boldsymbol{u} = (\boldsymbol{q}_i, \boldsymbol{p}_i, t)$。

该性质形式化描述为

定理 4.24 (POISSON_PARTIAL_DERIVATIVE) 泊松括号偏微分性质

```
⊢ !f:real^(N,N,1)three_finite_sum -> real^1 g.
  f differentiable_on UNIV /\ g differentiable_on UNIV /\        ①
  (\x. row 1 (jacobian f (at x))) differentiable_on UNIV /\      ②
  (\x. row 1 (jacobian g (at x))) differentiable_on UNIV /\      ③
  (!j. 1 <= j /\ j <= dimindex(:(N,N,1)three_finite_sum) ==>
  (\x. frechet_derivative (\x. row 1 (jacobian f (at x)))
      (at x) (basis j)) continuous_on UNIV) /\                   ④
  (!j. 1 <= j /\ j <= dimindex(:(N,N,1)three_finite_sum) ==>
  (\x. frechet_derivative (\x. row 1 (jacobian g (at x)))
      (at x) (basis j)) continuous_on UNIV)                      ⑤
  ==> (\x. frechet_derivative (pson_bracket f g) (at x)
      (basis (dimindex(:N) + dimindex(:N) + 1))) =
  pson_bracket (\x. frechet_derivative f (at x)
  (basis (dimindex(:N) + dimindex(:N) + 1))) g +
  pson_bracket f (\x. frechet_derivative g (at x)
  (basis (dimindex(:N) + dimindex(:N) + 1)))                     ⑥
```

其中，① 表示函数 f 和 g 在讨论域内是可微的；②、③ 表示 $\dfrac{\partial f}{\partial \boldsymbol{x}_i}$ 和 $\dfrac{\partial g}{\partial \boldsymbol{x}_i}$ 在讨论域内是可微的；④、⑤ 表示 $\dfrac{\partial^2 f}{\partial \boldsymbol{x}_i \partial \boldsymbol{y}_j}$ 和 $\dfrac{\partial^2 g}{\partial \boldsymbol{x}_i \partial \boldsymbol{y}_j}$ 在讨论域内是连续的；⑥ 描述式（4.38）所示的结论。

在定理 4.24 的证明过程中，需在 HOL-Light 中证明克莱罗定理，其描述了在 $\mathbb{R}^n$ 的开子集合 $\mathbb{E}$ 存在映射 $f: \mathbb{E} \to \mathbb{R}^n$，对于一切 $x_0 \in \mathbb{E}$ 并且 $1 \leqslant i, j \leqslant n$，映射 f 存在式（4.39）的关系。克莱罗定理的本质是二重极限的顺序问题，在给定前提条件下，交换极限的顺序对结果无影响。

$$\frac{\partial}{\boldsymbol{x}_i}\frac{\partial f}{\boldsymbol{x}_j}(x_0) = \frac{\partial}{\boldsymbol{x}_j}\frac{\partial f}{\boldsymbol{x}_i}(x_0) \tag{4.39}$$

其形式化描述如下

定理 4.25 (CLAIRAUT_THEOREM_ON_EQUALITY_MIXED_PARI-
TALS) 克莱罗定理

```
⊢ !f:real^N->real^1 f' f'' x0 i j e.
  (1 <= i /\ i <= dimindex(:N)) /\ (1 <= j /\ j <= dimindex(:N)) /\
  &0 < e /\ (!x. x IN cball(x0,e) ==>
  (f has_derivative f' x)(at x within cball(x0,e))) /\
  (!j x. 1 <= j /\ j <= dimindex(:N) /\ x IN cball(x0,e) ==>
         ((\x. f' x (basis j)) has_derivative f'' j x)
         (at x within cball(x0,e))) /\
  (!j k. 1 <= j /\ j <= dimindex(:N) /\
         1 <= k /\ k <= dimindex(:N) ==>
         (\x. f'' j x (basis k)) continuous_on cball(x0,e))
  ==> f'' j x0 (basis i) = f'' i x0 (basis j)
```

4.3.2　泊松定理形式化验证

在物理系统中，把运动过程中保持不变的力学量称为运动积分。若 f 和 g 都是运动积分，则它们的泊松括号也是运动积分，即两个运动积分的泊松括号仍是运动积分。泊松括号的这种属性即为泊松定理的全部内容。换句话说，如果力学函数 f 和 g 是某机械系统的守恒量，则由这两个函数构成的泊松括号 $[f, g]$ 也是该机械系统的守恒量。泊松定理为机械系统在已知两个运动积分的情况下求运动积分提供了一种新的途径，特别是用于哈密顿系统的简化和求解。泊松定理的形式化描述如定理 4.26 所示。

力学量 f 为运动积分 $\left(\dfrac{\mathrm{d}f}{\mathrm{d}t} = 0\right)$ 的条件是 $[f, H] + \dfrac{\partial f}{\partial t} = 0$，其中 H 为系统的哈密顿函数。当 f 不显含时间 t 时，有 $\dfrac{\partial f}{\partial t} = 0$ 存在，则条件变为 $[f, H] = 0$。即运动积分 f 与哈密顿函数 H 组成的泊松括号为 0。证明泊松定理成立的前提条件不仅仅包括运动积分 f、g 是连续可微的，还要求哈密顿函数 H 的连续可微性。

泊松松定理的形式化推导策略如下。

步骤 1: 通过给定的前提条件可知 f 和 g 是运动积分，因此存在 $\dfrac{\mathrm{d}f}{\mathrm{d}t} = \dfrac{\partial f}{\partial t} + [f, H] = 0$ 和 $\dfrac{\mathrm{d}g}{\mathrm{d}t} = \dfrac{\partial g}{\partial t} + [g, H] = 0$ 成立；

步骤 2: 根据步骤 1，可获得 $\dfrac{\partial f}{\partial t} = -[f, H]$ 和 $\dfrac{\partial g}{\partial t} = -[g, H]$；

步骤 3: 根据函数全微分公式, 可得到式 $\dfrac{\mathrm{d}[f,g]}{\mathrm{d}t} = \dfrac{\partial[f,g]}{\mathrm{d}t} + [[f,g],H]$ 成立;

步骤 4: 最后, 通过重写证明策略用定理 4.23 和定理 4.24 重写目标, 泊松定理得证。

定理 4.26 (POISSON_THEOREM) *泊松定理*

```
⊢ !f:real^(N,N,1)three_finite_sum -> real^1
  g H p:real^1 -> real^N q:real^1 -> real^N.
  f differentiable_on UNIV /\ g differentiable_on UNIV /\
  H differentiable_on UNIV /\
  (\x. row 1 (jacobian f (at x))) differentiable_on UNIV /\
  (\x. row 1 (jacobian g (at x))) differentiable_on UNIV /\
  (\x. row 1 (jacobian H (at x))) differentiable_on UNIV /\
  (!j. 1 <= j /\ j <= dimindex(:(N,N,1)three_finite_sum) ==>
  (\x. frechet_derivative (\x. row 1 (jacobian f (at x)))
     (at x) (basis j)) continuous_on UNIV) /\
  (!j. 1 <= j /\ j <= dimindex(:(N,N,1)three_finite_sum) ==>
  (\x. frechet_derivative (\x. row 1 (jacobian g (at x)))
     (at x) (basis j)) continuous_on UNIV) /\
  (!j. 1 <= j /\ j <= dimindex(:(N,N,1)three_finite_sum) ==>
  (\x. frechet_derivative (\x. row 1 (jacobian H (at x)))
     (at x) (basis j)) continuous_on UNIV) /\
  p differentiable_on UNIV /\ q differentiable_on UNIV /\        ①
  (!t. frechet_derivative q (at t) (basis 1) =
     sndof3 (row 1 (jacobian H (at (paste_three (q t) (p t) t))))/\
     frechet_derivative p (at t) (basis 1) =
     -- fstof3 (row 1 (jacobian H
     (at (paste_three (q t) (p t) t)))))) /\                      ②
  (\x. frechet_derivative f (at x)
     (basis (dimindex(:N)+dimindex(:N)+1))) =
  -- (pson_bracket f H) /\                                        ③
  (\x. frechet_derivative g (at x)
     (basis (dimindex(:N)+dimindex(:N)+1))) =
  -- (pson_bracket g H)                                           ④
  ==> (?c. (pson_bracket f g) o
     (\t. paste_three (q t) (p t) t) = (\x. c))                   ⑤
```

其中, ① ~ ④ 表明哈密顿正则方程成立; ⑤ 给出泊松定理的结论, 力学量 f 和 g 的泊松括号为常函数。

4.4   本章小结

本章利用多元函数部分勒让德变换形式化模型实现从拉格朗日函数到哈密顿函数形式化模型的高阶逻辑推导。基于哈密顿函数形式化描述哈密顿正则方程,同时结合哈密顿函数不同描述方式全微分的差别证明哈密顿正则方程的正确性。为了实现基于简化哈密顿正则方程求解过程的高阶逻辑推导,本章还对泊松括号及其性质、泊松定理进行形式化建模与验证。从而构建了较为完整的哈密顿力学形式化定理库与相应的公理化体系,为哈密顿力学在机器人、车辆、卫星等安全攸关领域的动力学系统的形式化建模与分析提供基础支撑。

参 考 文 献

[1] Chen D,Zhang X, Lai Z. Energy-optimal trajectory generation for robot manipulators via Hamilton-Jacobi theory// Proceedings of the 13th International Conference on Ubiquitous Robots and Ambient Intelligence, Xi'an, 2016.

[2] Shi X,Yuan G. Robust adaptive control of Hamilton system and its application in spacecraft. Journal of Sichuan University(Engineering Science Edition), 2013, 45(5): 130-137, 144.

[3] Lee T. Discrete-time optimal feedback control via Hamilton-Jacobi theory with an application to hybrid systems//Proceedings of the 51st IEEE Conference on Decision and Control, Maui, 2012.

[4] Guan Y,Zhang J,Wang G,et al. Formalization of Euler-Lagrange equation set based on variational calculus in HOL Light. Journal of Automated Reasoning, 2020, 65: 1-29.

[5] Hamilton R W. Second essay on a general method in dynamics. Philosophical Transactions of the Royal Society of London, 1835, 125: 95-144.

[6] Bogdanovic R, Gopinathan M S. A canonical transformation of the Hamiltonians quadratic in coordinate and momentum operators. Journal of Physics A: Mathematical and General, 1979, 12(9): 1457-1468.

[7] 王润轩. 经典类比与哈密顿光学理论的建立. 物理与工程, 2002, (1): 5-7, 9.

[8] Tyc T, Danner A J. Absolute optical instruments, classical superintegrability, and separability of the Hamilton-Jacobi equation. Physical Review A, 2017, 96(5): 053838.

[9] Koenigstein A, Kirsch J, Stoecker H, et al. Gauge theory by canonical transformations. International Journal of Modern Physics E-Nuclear Physics, 2016, 25(7): 1642005.

[10] 王春妮, 王亚, 马军. 基于亥姆霍兹定理计算动力学系统的哈密顿能量函数. 物理学报, 2016, 65(24): 34-39.

[11] Wang P, Wu H, Yang H. Thermodynamics of nonlinear electrodynamics black holes and the validity of weak cosmic censorship at charged particle absorption. European Physical Journal C, 2019, 79(7): 572.

[12] Dereli T, Unluturk I K. Hamilton-Jacobi formulation of the thermodynamics of Einstein-Born-Infeld-AdS black holes. European Physical Journal, 2019, 125(1): 10005.

[13] Beyer M, Patzold M, Grecksch W, et al. Quantum Hamilton equations for multidimensional systems, Journal of Physics A: Mathematical and Theoretical, 2019, 52(16): 165301.

[14] Contreras G M, Pablo P J. The quantum dark side of the optimal control theory. Physica A: Statistical Mechanics and Its Applications, 2019, 515: 450-473.

[15] Zhang J, Wang G, Shi Z, et al. Formalization of functional variation in HOL Light. Journal of Logical and Algebraic Methods in Programming, 2019, 106: 29-38.

[16] 武青. 理论力学. 北京: 清华大学出版社, 2014.

[17] 孙棕檀. 刚柔耦合系统分析动力学建模研究. 哈尔滨: 哈尔滨工程大学, 2013.

[18] Casetta L. Poisson brackets formulation for the dynamics of a position-dependent mass particle. Acta Mechanica, 2017, 228 (12): 4491-4496.

第 5 章 串联机器人哈密顿动力学形式化
建模与验证

机器人按构型可分为串联机器人和并联机器人两大类。与并联机器人相比,串联机器人研究起步较早,理论更为成熟。串联机器人具有结构简单、控制便利、运动空间大、更换不同的末端执行器可实现多种作业模式切换等优点,广泛应用于工业、医疗和家庭服务等领域。然而,机器人在给人类生活带来便利的同时也带来了危险。频发的事故使机器人的安全性问题成为人们关注的焦点,影响机器人安全性与可靠性的因素很多,其中机器人的动力学模型设计与安全验证是关键因素。传统的机器人安全验证通常采用测试和仿真的方法,但是由于测试用例与仿真用例受限,测试与仿真均无法完全覆盖所有可能路径,所以,仅仅依靠这些传统的非完备性验证手段,已经无法满足安全攸关系统的动力学设计对正确性和安全性的要求。而定理证明形式化验证方法是一种完备的验证手段,可以发现传统方法难于发现的系统缺陷,能够提高整个系统的安全性和可靠性验证质量。本章以 SCARA 四自由度串联机器人为例研究基于哈密顿动力学系统的形式化分析、验证方法及应用 [1,2],探索为机器人动力学的安全设计提供可用的形式化验证理论和可行的技术方法。

5.1 SCARA 四自由度机器人哈密顿函数形式化建模

SCARA 机器人是一种应用于装配作业的四自由度串联机器臂 [3,4],其构型如图 5.1 所示。该型机器人共有四个轴,一般将 "{1}" 轴固定在基座上,即其机械臂被固定在 z 轴上,在 xy 轴可做旋转运动;"{2}" 轴为一个附加在 "{1}" 轴和 "{3}"、"{4}" 轴中间的并沿 xy 轴做旋转运动的关节;"{3}" 和 "{4}" 轴共用一轴,其中 "{3}" 轴为沿 z 轴方向做平动的移动关节,"{4}" 轴增加了一个额外的沿 xy 轴旋转的关节,使该型串联机器人具有模仿人类手臂运动的能力。其独特的构型,决定了该型机器人的工作范围相当于圆柱空间的一部分。

SCARA 串联机器人属于复杂的非线性动力学系统 [5,6],目前其动力学研究主要借助于牛顿-欧拉法、拉格朗日法建立动力学方程模型 [4,7]。牛顿-欧拉法是动力学建模最基本的方法,该方法基于达朗贝尔原理和运动学连杆坐标系建立动力学方程,需要有固定的坐标系,建模相对困难。拉格朗日法是以显示结构描述复杂的动力学方程,最大的特点是通过拉格朗日能量函数的方法构建动力学方程,可选取任意坐标系描述系统。本章基于高阶逻辑形式化哈密顿方法构建 SCARA 串联机器人动力学模型,较之符号计算和数值仿真的传统方法,高阶逻辑形式化方法能够弥补这些方法的不足,提高对动力学模型正确性和可靠性验证的质量。除此之外,其优势还在于:① 与牛顿-欧拉法相比,不需要固定坐标系,建模更容易;② 与拉格朗日法相比,哈密顿函数的物理意义更清晰,为系统动能与势能总和,即系统的机械能;哈密顿正则方程是一阶微分方程组,形式更对称,求解更便捷。

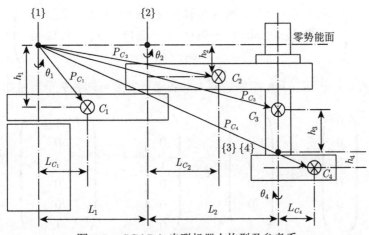

图 5.1   SCARA 串联机器人构型及参考系

基于高阶逻辑形式化方法构建 SCARA 串联机器人哈密顿函数主要分为以下四个步骤。

步骤 1: 确定 SCARA 串联机器人各连杆的质心位置和速度。

该型机器人的连杆参数见表 5.1,选取 $q = (\theta_1\ \theta_2\ d_3\ \theta_4)^{\mathrm{T}}$ 为系统广义坐标,各连杆的质心位置矢量分别如式(5.1)～ 式(5.4)所示。

$$\boldsymbol{P}_{C1} = \begin{pmatrix} \cos\theta_1 L_{C1} \\ \sin\theta_1 L_{C1} \\ -h_1 \end{pmatrix} \tag{5.1}$$

表 5.1   SCARA 串联机器人的连杆参数

连杆 i	质量	质心	质心位置矢量	惯量矩阵
1	m_1	C_1	$\boldsymbol{p}_{C1}$	I_1
2	m_2	C_2	$\boldsymbol{p}_{C2}$	I_{zz2}
3	m_3	C_3	$\boldsymbol{p}_{C3}$	I_{zz3}
4	m_4	C_4	$\boldsymbol{p}_{C4}$	I_{zz4}

$$P_{C2} = \begin{pmatrix} \cos\theta_1 L_{C1} + \cos(\theta_1 + \theta_2) L_{C2} \\ \sin\theta_1 L_{C1} + \sin(\theta_1 + \theta_2) L_{C2} \\ -h_2 \end{pmatrix} \tag{5.2}$$

$$P_{C3} = \begin{pmatrix} \cos\theta_1 L_{C1} + \cos(\theta_1 + \theta_2) L_{C2} \\ \sin\theta_1 L_{C1} + \sin(\theta_1 + \theta_2) L_{C2} \\ h_3 - d_3 \end{pmatrix} \tag{5.3}$$

$$P_{C4} = \begin{pmatrix} \cos\theta_1 L_{C1} + \cos(\theta_1 + \theta_2) L_{C2} + \cos(\theta_1 + \theta_2 - \theta_4) L_{C4} \\ \sin\theta_1 L_{C1} + \sin(\theta_1 + \theta_2) L_{C2} + \sin(\theta_1 + \theta_2 - \theta_4) L_{C4} \\ -d_3 - h_4 \end{pmatrix} \tag{5.4}$$

根据图 5.1 中 SCARA 串联机器人的各连杆参数可知各关节旋量如下

$$\xi_1 = \begin{pmatrix} 0 \\ 0 \\ 0 \\ 0 \\ 0 \\ 1 \end{pmatrix} \wedge \xi_2 = \begin{pmatrix} L_1 \\ 0 \\ 0 \\ 0 \\ 0 \\ 1 \end{pmatrix} \wedge \xi_3 = \begin{pmatrix} 0 \\ 0 \\ 1 \\ 0 \\ 0 \\ 0 \end{pmatrix} \wedge \xi_4 = \begin{pmatrix} L_1 + L_2 \\ 0 \\ 0 \\ 0 \\ 0 \\ 1 \end{pmatrix} \tag{5.5}$$

各个连杆之间的变换矩阵如下

$$G_{01} = \begin{bmatrix} \cos\theta_1 & -\sin\theta_1 & 0 & 0 \\ \sin\theta_1 & \cos\theta_1 & 0 & 0 \\ 0 & 0 & 1 & 0 \\ 0 & 0 & 0 & 1 \end{bmatrix} \tag{5.6}$$

$$G_{12} = \begin{bmatrix} \cos\theta_2 & -\sin\theta_2 & 0 & L_1 \\ \sin\theta_2 & \cos\theta_2 & 0 & 0 \\ 0 & 0 & 1 & 0 \\ 0 & 0 & 0 & 1 \end{bmatrix} \tag{5.7}$$

$$G_{23} = \begin{bmatrix} 1 & 0 & 0 & L_2 \\ 0 & 1 & 0 & 0 \\ 0 & 0 & 1 & d_3 \\ 0 & 0 & 0 & 1 \end{bmatrix} \tag{5.8}$$

$$\boldsymbol{G}_{34} = \begin{bmatrix} \cos\theta_4 & -\sin\theta_4 & 0 & 0 \\ \sin\theta_4 & \cos\theta_4 & 0 & 0 \\ 0 & 0 & 1 & 0 \\ 0 & 0 & 0 & 1 \end{bmatrix} \tag{5.9}$$

执行器末端到基坐标系的齐次变换矩阵可通过各个连杆的变换矩阵连乘求得

$$\boldsymbol{G}_{04} = \boldsymbol{G}_{01} \cdot \boldsymbol{G}_{12} \cdot \boldsymbol{G}_{23} \cdot \boldsymbol{G}_{34} \tag{5.10}$$

因此，将式（5.6）～式（5.9）代入式（5.10）可得 SCARA 串联机器人齐次变换矩阵为

$$\boldsymbol{G}_{04} = \begin{bmatrix} \cos(\theta_1+\theta_2-\theta_4) & \sin(\theta_1+\theta_2-\theta_4) & 0 & \cos\theta_1 L_1 + \cos(\theta_1+\theta_2)L_2 \\ \sin(\theta_1+\theta_2-\theta_4) & -\cos(\theta_1+\theta_2-\theta_4) & 0 & \sin\theta_1 L_1 + \sin(\theta_1+\theta_2)L_2 \\ 0 & 0 & -1 & -d_3 \\ 0 & 0 & 0 & 1 \end{bmatrix} \tag{5.11}$$

对于串联机器人而言，任意连杆上任何一点的速度都可以通过雅可比矩阵和关节变量的导数来表示[8,9]。在本节中，关节变量可确定为广义坐标 $\boldsymbol{q}$。因此，第 i 杆质心的物体速度如下

$$v_i^{\mathrm{B}} = \boldsymbol{J}_i^{\mathrm{B}}(\boldsymbol{q})\dot{\boldsymbol{q}} \tag{5.12}$$

其中，$\boldsymbol{J}_i^{\mathrm{B}}(\boldsymbol{q})$ 为第 i 杆的物体雅可比矩阵（简称连杆雅可比）；$\boldsymbol{J}_i^{\mathrm{B}}(\boldsymbol{q})$ 的第 i 列表示变换到机器人当前位形下，第 i 个关节相对于惯性坐标系的单位运动旋量，具体如式（5.13）和式（5.14）所示。串联机械臂的雅可比矩阵是一个 $6 \times n$ 的矩阵，n 表示机器人连杆的数量。

$$\boldsymbol{J}_i^{\mathrm{B}}(\boldsymbol{q}) = \begin{pmatrix} Ad^{-1}_{(\boldsymbol{G}_{04}\boldsymbol{g}_{slC_i}(0))}\boldsymbol{\xi}_1 & \cdots & Ad^{-1}_{(\boldsymbol{G}_{04}\boldsymbol{g}_{slC_i}(0))}\boldsymbol{\xi}_i & 0 & \cdots & 0 \end{pmatrix} \tag{5.13}$$

$$Ad^{-1}_{(\boldsymbol{G}_{04}\boldsymbol{g}_{slC_i}(0))}\boldsymbol{\xi}_j = (\boldsymbol{G}_{04}\boldsymbol{g}_{slC_i}(0))\hat{\boldsymbol{\xi}}_j(\boldsymbol{G}_{04}\boldsymbol{g}_{slC_i}(0))^{-1\vee}, \quad j \leqslant i \tag{5.14}$$

其中，$\hat{\boldsymbol{\xi}}_j$ 表示将将旋量对应的齐次矩阵形式 $\begin{bmatrix} \hat{\boldsymbol{\omega}} & \boldsymbol{v} \\ 0 & 0 \end{bmatrix}$；算子 $\vee$ 表示将齐次形式 $\begin{bmatrix} \hat{\boldsymbol{\omega}} & \boldsymbol{v} \\ 0 & 0 \end{bmatrix}$ 变为旋量形式 $\begin{pmatrix} \boldsymbol{v} \\ \boldsymbol{\omega} \end{pmatrix}$；$\boldsymbol{g}_{slC_i}(0)$ 表示第 i 个关节的质心相对于惯性坐标系的齐次变换矩阵。

由此可得 SCARA 串联机器人的雅可比矩阵为

$$\boldsymbol{J}(\boldsymbol{q}) = \begin{bmatrix} -(\sin\theta_1 L_1 + \sin(\theta_1+\theta_2)L_2) & -\sin(\theta_1+\theta_2)L_2 & 0 & 0 \\ \cos\theta_1 L_1 + \cos(\theta_1+\theta_2)L_2 & \cos(\theta_1+\theta_2)L_2 & 0 & 0 \\ 0 & 0 & -1 & 0 \\ 0 & 0 & 0 & 0 \\ 0 & 0 & 0 & 0 \\ 1 & 1 & 0 & -1 \end{bmatrix} \tag{5.15}$$

根据式（5.16）可知各连杆的质心线速度。

$$\begin{cases} \boldsymbol{v}_{C1} = 0 \\ \boldsymbol{v}_{C2} = \dot{\theta}_1 L_1 + (\dot{\theta}_1+\dot{\theta}_2)r_{xy2} \\ \boldsymbol{v}_{C3} = \sqrt{\left[\dot{\theta}_1 L_1 + (\dot{\theta}_1+\dot{\theta}_2)(L_2+r_{xy3})\right]^2 + \dot{d}_3^2} \\ \boldsymbol{v}_{C4} = \sqrt{\left[\dot{\theta}_1 L_1 + (\dot{\theta}_1+\dot{\theta}_2)L_2 + (\dot{\theta}_1+\dot{\theta}_2-\dot{\theta}_4)r_{xy4}\right]^2 + \dot{d}_3^2} \end{cases} \tag{5.16}$$

步骤 2: 构建 SCARA 串联机器人动能形式化模型。

由表 5.1 可知，各连杆的质量分别为 m_1、m_2、m_3 和 m_4，连杆 1 对于其关节轴的惯性矩阵为 $\boldsymbol{I}_1$，连杆 i 质心对于其坐标系 Z 轴的惯量矩阵为 $\boldsymbol{I}_{ZZ_i}$，则第 i 杆的动能为

$$\begin{aligned} T_i(\boldsymbol{q},\dot{\boldsymbol{q}}) &= \frac{1}{2}(\boldsymbol{v}_i^{\mathrm{B}})^{\mathrm{T}}\boldsymbol{I}_i^{\mathrm{B}}\boldsymbol{v}_i^{\mathrm{B}} = \frac{1}{2}(\boldsymbol{J}_i^{\mathrm{B}}(\boldsymbol{q})\dot{\boldsymbol{q}})^{\mathrm{T}}\boldsymbol{I}_i^{\mathrm{B}}\boldsymbol{J}_i^{\mathrm{B}}(\boldsymbol{q})\dot{\boldsymbol{q}} \\ &= \frac{1}{2}\dot{\boldsymbol{q}}^{\mathrm{T}}(\boldsymbol{J}_i^{\mathrm{B}}(\boldsymbol{q}))^{\mathrm{T}}\boldsymbol{I}_i^{\mathrm{B}}\boldsymbol{J}_i^{\mathrm{B}}(\boldsymbol{q})\dot{\boldsymbol{q}} \end{aligned} \tag{5.17}$$

根据式（5.17），结合已给出的各连杆的质心位置和速度，可推导各连杆的动能为

$$\begin{cases} T_1 = \frac{1}{2}\boldsymbol{I}_1\dot{\theta}_1 \\ T_2 = \frac{1}{2}\boldsymbol{I}_{ZZ2}(\dot{\theta}_1+\dot{\theta}_2) + \frac{1}{2}m_2\boldsymbol{v}_{C2}^2 \\ T_3 = \frac{1}{2}\boldsymbol{I}_{ZZ3}(\dot{\theta}_1+\dot{\theta}_2) + \frac{1}{2}m_3\boldsymbol{v}_{C3}^2 \\ T_4 = \frac{1}{2}\boldsymbol{I}_{ZZ4}(\dot{\theta}_1+\dot{\theta}_2-\dot{\theta}_4) + \frac{1}{2}m_4\boldsymbol{v}_{C4}^2 \end{cases} \tag{5.18}$$

因此，系统的总动能为

$$T = \sum_{i=1}^{4} T_i(\boldsymbol{q}, \dot{\boldsymbol{q}}) = \frac{1}{2} \dot{\boldsymbol{q}}^{\mathrm{T}} \boldsymbol{I}(\boldsymbol{q}) \dot{\boldsymbol{q}} \tag{5.19}$$

惯性矩阵 $\boldsymbol{I}(\boldsymbol{q})$ 是一个与位形相关的矩阵。对于任何机械臂而言，它的惯性矩阵是对称且正定的。由式（5.20）中可知矩阵 $\boldsymbol{I}(\boldsymbol{q})$ 的对称性；其正定性依据如下：动能总是非负的，当且仅当所有的关节速度都为零时，动能才为零。

$$\boldsymbol{I}(\boldsymbol{q}) = \sum_{i=1}^{4} (\boldsymbol{J}_i^B(\boldsymbol{q}))^{\mathrm{T}} \boldsymbol{I}_i^B \boldsymbol{J}_i^B(\boldsymbol{q}) \tag{5.20}$$

因此，系统惯性矩阵形式化模型见定义 5.1，系统动能函数形式化模型如下

定义 5.1 (inertia_matrix) *系统惯性矩阵形式化模型*

```
let inertia_matrix = new_definition
    `inertia_matrix (N:num->real^Q -> real^Q^Q)
                    (J:num->real^Q -> real^Q^Q) (q:real^Q) =
  msum (1..dimindex(:Q))
    (\i. transp(J i q) ** (N i q) ** (J i q))`;;
```

定义 5.2 (kinetic_energy) *系统动能形式化模型*

```
let kinetic_energy = new_definition
    `kinetic_energy (N:num -> real^Q -> real^Q^Q)
                    (J:num -> real^Q -> real^Q^Q) =
  (\u:real^(Q,Q,1)three_finite_sum.
      lift (inv(&2) * ((sndpt u)  dot
      ((inertia_matrix N J (fstpt u)) ** (sndpt u)))))`;;
```

步骤 3: 构建 SCARA 串联机器人势能形式化模型。

由于重力是该型机器人势能的唯一来源，所以可假设每个连杆的质量都集中在质心处，通过式（5.21）来计算第 i 个连杆的势能。

$$\boldsymbol{V}_i = m_i \boldsymbol{g}^{\mathrm{T}} \boldsymbol{P}_{ci} \tag{5.21}$$

其中，$\boldsymbol{g}$ 是惯性坐标系中的重力加速度常数，$\boldsymbol{g}^{\mathrm{T}} = \begin{pmatrix} 0 & 0 & -g \end{pmatrix}$；向量 $\boldsymbol{P}_{ci}$ 是第 i 杆的质心坐标。

根据表 5.1 中 SCARA 串联机器人的参数可知各个连杆的势能如下

$$
\begin{cases}
\boldsymbol{V}_1 = -m_1 g h_1 \\
\boldsymbol{V}_2 = -m_2 g h_2 \\
\boldsymbol{V}_3 = -m_3 g(h_3 - d_3) \\
\boldsymbol{V}_4 = -m_4 g(h_4 + d_3)
\end{cases}
\tag{5.22}
$$

因此，系统的总势能为

$$
\boldsymbol{V}(\boldsymbol{q}) = \sum_{i=1}^{4} \boldsymbol{V}_i(\boldsymbol{q}) = \sum_{i=1}^{4} m_i g^{\mathrm{T}} \boldsymbol{P}_{ci}(\boldsymbol{q})
\tag{5.23}
$$

值得注意的是，如机器人中含有柔性机构（例如关节是柔性的），那么其势能将包含与存储在弹性元件中的能量相关的项，且势能仅仅是广义坐标的函数，与广义速度（广义坐标的导数）无关。SCARA 串联机器人系统势能函数形式化模型如下

定义 5.3 (potential_energy)　系统势能函数形式化模型

```
let potential_energy = new_definition
   `potential_energy (m:real^Q)
   (r:num -> real^Q -> real^3) (g:real^3) =
   (\u:real^(Q,1)finite_sum. lift(sum (1..dimindex(:Q))
   (\i. m$i * (g dot (r i (fstcart u))))))`;;
```

步骤 4: SCARA 串联机器人哈密顿函数 H 形式化建模及证明策略。

鉴于该型机器人是保守系统，根据哈密顿函数的物理意义，即得哈密顿函数表示系统动能与势能之和（式（5.24）），其高阶逻辑形式化模型如定理 5.1 所示。

$$
H = T + V = \frac{1}{2} \dot{\boldsymbol{q}}^{\mathrm{T}} \boldsymbol{I}(\boldsymbol{q}) \dot{\boldsymbol{q}} + \sum_{i=1}^{4} m_i \boldsymbol{g}^{\mathrm{T}} \boldsymbol{P}_{ci}(\boldsymbol{q})
\tag{5.24}
$$

定理 5.1 (HAMILTON_FUNCTION)　SCARA 串联机器人哈密顿函数形式化模型

```
⊢ !N:num -> real^Q -> real^Q^Q J m:real^Q
  r:num -> real^Q -> real^3 g:real^3
  ke' ke'' ue' q:real^1 -> real^Q t.
```

```
(!i. 1 <= i /\ i <= dimindex(:Q) ==>
 transp (N i (q t)) = N i (q t)) /\
(!p. ((potential_energy m r g) has_derivative (ue' p)) (at p)) /\
(!p. ((kinetic_energy N J) has_derivative (ke' p)) (at p)) /\
(!p j. 1 <= j /\ j <= dimindex(:Q) ==>
 ((\p. ke' p (basis (j + dimindex(:Q))))
   has_derivative ke'' (j + dimindex(:Q)) p) (at p)) /\
(!p x y j. 1 <= j /\ j <= dimindex (:Q) /\
 ke'' (j + dimindex(:Q)) p x =
 ke'' (j + dimindex(:Q)) p y ==> x = y) ==>
hamilton_function (kinetic_energy N J)
(potential_energy m r g)
(pqt (:real^1) (:real^(Q,Q,1)three_finite_sum)
(kinetic_energy N J) (potential_energy m r g) q t) =
(kinetic_energy N J) (qdqt (:real^1) q t) +
(potential_energy m r g) (pastecart (fstpt (qdqt (:real^1) q t))
(trdpt (qdqt (:real^1) q t)))
```

定理 5.1 证明策略核心如下。

首先，用哈密顿函数形式化定义 (定义 4.8) 重写目标定理；

其次，构建并证明引理 $\dfrac{\partial T(\boldsymbol{q},\dot{\boldsymbol{q}},t)}{\partial \dot{\boldsymbol{q}}}\dot{\boldsymbol{q}} = \dfrac{\partial\left(\frac{1}{2}\dot{\boldsymbol{q}}^{\mathrm{T}}\boldsymbol{I}(\boldsymbol{q})\dot{\boldsymbol{q}}\right)}{\partial \dot{\boldsymbol{q}}}\dot{\boldsymbol{q}} = \dot{\boldsymbol{q}}^{\mathrm{T}}\boldsymbol{I}(\boldsymbol{q})\dot{\boldsymbol{q}} = 2T$ 成立；

然后，根据式 $L = T - V = \dfrac{1}{2}\dot{\boldsymbol{q}}^{\mathrm{T}}\left(\sum\limits_{i=1}^{4}\boldsymbol{J}_i^{\mathrm{T}}\boldsymbol{I}_i\boldsymbol{J}_i\right)\dot{\boldsymbol{q}} - \sum\limits_{i=1}^{4}m_ig^{\mathrm{T}}\boldsymbol{P}_{ci}(\boldsymbol{q})$ 特殊化拉格朗日函数形式化模型 (定义 4.4)。

最后，特殊化哈密顿函数的物理意义定理 (定理 4.2)，即可完成定理 5.1 高阶逻辑推导证明。

5.2　SCARA 四自由度机器人哈密顿正则方程形式化建模

根据 SCARA 串联机器人的特点，结合 5.1 节该型机器人哈密顿函数高阶逻辑形式化模型（定理 5.1）构建其哈密顿正则方程形式化模型并阐述证明策略。

在哈密顿力学系统中，引入广义动量 $\boldsymbol{p}$，根据式（5.19）可得

$$\boldsymbol{p} = \frac{\partial L(\boldsymbol{q},\dot{\boldsymbol{q}},t)}{\partial \dot{\boldsymbol{q}}} = \frac{\partial T(\boldsymbol{q},\dot{\boldsymbol{q}},t)}{\partial \dot{\boldsymbol{q}}} = \frac{\partial\left(\frac{1}{2}\dot{\boldsymbol{q}}^{\mathrm{T}}\boldsymbol{I}(\boldsymbol{q})\dot{\boldsymbol{q}}\right)}{\partial \dot{\boldsymbol{q}}} = \boldsymbol{I}(\boldsymbol{q})\dot{\boldsymbol{q}} \tag{5.25}$$

动能函数（式（5.19））对于时间 t 的微分得

$$
\begin{aligned}
\frac{\mathrm{d}T}{\mathrm{d}t} &= \frac{\mathrm{d}\frac{1}{2}\dot{\boldsymbol{q}}^{\mathrm{T}}\boldsymbol{I}(\boldsymbol{q})\dot{\boldsymbol{q}}}{\mathrm{d}t} \\
&= \frac{\mathrm{d}\frac{1}{2}\dot{\boldsymbol{q}}^{\mathrm{T}}\boldsymbol{p}}{\mathrm{d}t} \\
&= \frac{1}{2}\ddot{\boldsymbol{q}}^{\mathrm{T}}\boldsymbol{p} + \frac{1}{2}\dot{\boldsymbol{q}}^{\mathrm{T}}\dot{\boldsymbol{p}}
\end{aligned}
\tag{5.26}
$$

势能函数（式（5.23））对于时间 t 的微分得

$$
\begin{aligned}
\frac{\mathrm{d}V}{\mathrm{d}t} &= \frac{\mathrm{d}\sum\limits_{i=1}^{4} m_i \boldsymbol{g}^{\mathrm{T}}\boldsymbol{P}_{ci}(\boldsymbol{q})}{\mathrm{d}t} \\
&= \sum_{i=1}^{4} \frac{\mathrm{d}m_i \boldsymbol{g}^{\mathrm{T}}\boldsymbol{P}_{ci}(\boldsymbol{q})}{\mathrm{d}t} \\
&= \sum_{i=1}^{4} \left(\begin{array}{cc} \boldsymbol{\omega}_i^{\mathrm{T}} & \boldsymbol{v}_i^{\mathrm{T}} \end{array} \right) \left(\begin{array}{c} 0 \\ m_i \boldsymbol{g} \end{array} \right)
\end{aligned}
\tag{5.27}
$$

根据 $\left(\begin{array}{c} \boldsymbol{\omega}_i \\ \boldsymbol{v}_i \end{array} \right) = \boldsymbol{J}_i \dot{\boldsymbol{q}}$，式（5.27）可描述为

$$
\frac{\mathrm{d}V}{\mathrm{d}t} = \sum_{i=1}^{4} \dot{\boldsymbol{q}}^{\mathrm{T}} \boldsymbol{J}_i^{\mathrm{T}} \left(\begin{array}{c} 0 \\ m_i \boldsymbol{g} \end{array} \right)
\tag{5.28}
$$

SCARA 串联机器人哈密顿正则方程如式（5.29）所示，同时有式（5.30）成立。

$$
\begin{cases} \dfrac{\partial H}{\partial \boldsymbol{p}} = \dot{\boldsymbol{q}} \\ \dfrac{\partial H}{\partial \boldsymbol{q}} = -\dot{\boldsymbol{p}} = -\dfrac{\mathrm{d}(\boldsymbol{I}(\boldsymbol{q})\dot{\boldsymbol{q}})}{\mathrm{d}t} \end{cases}
\tag{5.29}
$$

$$
\frac{\partial H}{\partial t} = \frac{\mathrm{d}H}{\mathrm{d}t} = \frac{\mathrm{d}T}{\mathrm{d}t} + \frac{\mathrm{d}V}{\mathrm{d}t} = \frac{1}{2}\ddot{\boldsymbol{q}}^{\mathrm{T}}\boldsymbol{p} + \frac{1}{2}\dot{\boldsymbol{q}}^{\mathrm{T}}\dot{\boldsymbol{p}} + \sum_{i=1}^{4} \dot{\boldsymbol{q}}^{\mathrm{T}} \boldsymbol{J}_i^{\mathrm{T}} \left(\begin{array}{c} 0 \\ m_i \boldsymbol{g} \end{array} \right)
\tag{5.30}
$$

根据式（5.29）和式（5.30），可构建 SCARA 串联机器人哈密顿正则方程形式化模型如定理 5.2 所示。定理 5.2 形式化推导策略将在 5.3 节详细阐述。

定理 5.2 (SCARA_ROBOT_HAMILTON_CANONICAL_EQUATIONS)
SCARA 串联机器人哈密顿正则方程形式化模型

```
⊢ !N J m r g:real^3 ke' ke'' ue'
  x:real^(Q,1)finite_sum -> real^3^N q:real^1 -> real^Q t.
  (!t i. 1 <= i /\ i <= dimindex(:Q) ==>
      transp (N i (q t)) = N i (q t)) /\
  continuously_differentiable_on 2 q (:real^1) /\
  (!p:real^(Q,1)finite_sum. ((potential_energy m r g)
      has_derivative (ue' p)) (at p)) /\
  (!p:real^(Q,Q,1)three_finite_sum. ((kinetic_energy N J)
      has_derivative (ke' p)) (at p)) /\
  (!p j. 1 <= j /\ j <= dimindex(:Q) ==>
      ((\ p. ke' p (basis (j + dimindex(:Q)))) has_derivative
          ke'' (j + dimindex(:Q)) p) (at p)) /\
  (!p j k. 1 <= j /\ j <= dimindex(:Q) /\
      1 <= k /\ k <= dimindex(:Q) ==>
      (\ p. ke'' (j + dimindex(:Q))
      p (basis (k + dimindex(:Q)))) continuous at p) /\
  (!p x y j. 1 <= j /\ j <= dimindex(:Q) /\
      ke'' (j + dimindex(:Q)) p x =
      ke'' (j + dimindex(:Q)) p y ==> x = y) /\
  (!p. ~(det ((λ i j. drop (ke'' (i + dimindex(:Q))
      p (basis (j + dimindex(:Q)))))):real^Q^Q) = &0)) /\
  (!x dx u i j. 1 <= i /\ i <= dimindex(:Q) /\
      1 <= j /\ j <= dimindex(:(Q,1)finite_sum) ==>
      ke'' (i + dimindex(:Q)) (three_pt x dx u)
  (three_pt (fstcart (basis j :real^(Q,1)finite_sum)) (vec 0)
      (sndcart (basis j :real^(Q,1)finite_sum))) = vec 0) /\
  (!p e. &0 < e ==>
      three_pt ((λ j.
        drop (ke' p (basis (j + dimindex(:Q))))):real^Q)
      (fstpt p) (trdpt p) IN interior
      (IMAGE (\p. three_pt ((λ j.
        drop (ke' p (basis (j + dimindex(:Q))))):real^Q)
      (fstpt p) (trdpt p)) (cball (p,e)))) /\
  lagrange_equations (:real^1) (:real^(Q,1)finite_sum)
  (:real^(Q,Q,1)three_finite_sum) (kinetic_energy N J) ue
  q (\t. mat 0 :real^3^N) x ==>
  fstpt(jacobian (hamilton_function (kinetic_energy N J)
```

```
(potential_energy m r g)) (at (pqt (:real^1)
(:real^(Q,Q,1)three_finite_sum) (kinetic_energy N J)
(potential_energy m r g) q t) within
(:real^(Q,Q,1)three_finite_sum))$1) =
sndpt (qdqt (:real^1) q t) /\
sndpt(jacobian (hamilton_function (kinetic_energy N J)
(potential_energy m r g)) (at (pqt (:real^1)
(:real^(Q,Q,1)three_finite_sum) (kinetic_energy N J)
(potential_energy m r g) q t) within
(:real^(Q,Q,1)three_finite_sum))$1) =
-- vector_derivative (\t. inertia_matrix N J
   (fstpt(qdqt (:real^1) q t)) ** sndpt(qdqt (:real^1) q t))
(at t within (:real^1)) /\
trdpt(jacobian (hamilton_function (kinetic_energy N J)
  (potential_energy m r))
  (at (pqt (:real^1) (:real^(Q,Q,1)three_finite_sum)
  (kinetic_energy N J) (potential_energy m r g) q t) within
  (:real^(Q,Q,1)three_finite_sum))$1) =
 lift(inv(&2) * ((vector_derivative
   (\t. sndpt(qdqt (:real^1) q t))
       (at t within (:real^1))) dot
  (fstpt(pqt (:real^1) (:real^(Q,Q,1)three_finite_sum)
  (kinetic_energy N J) (potential_energy m r g) q t))) +
  inv(&2) * ((vector_derivative (fst_threefpt (pqt (:real^1)
  (:real^(Q,Q,1)three_finite_sum) (kinetic_energy N J)
  (potential_energy m r g) q))
  (at t within (:real^1))) dot (sndpt(qdqt (:real^1) q t)))) +
vector_derivative (\t. potential_energy m r g
    (pastecart (fstpt(qdqt (:real^1) q t))
    (trdpt(qdqt (:real^1) q t)))) (at t)
```

根据 SCARA 串联机器人的各参数可知，势能函数对于时间 t 的微分可表示为

$$\frac{\mathrm{d}V}{\mathrm{d}t} = (m_3\boldsymbol{g} + m_4\boldsymbol{g})\frac{\mathrm{d}d_3(t)}{\mathrm{d}t} \tag{5.31}$$

因此，式（5.30）可表示为

$$\frac{\partial H}{\partial t} = \frac{1}{2}\ddot{\boldsymbol{q}}^{\mathrm{T}}\boldsymbol{p} + \frac{1}{2}\dot{\boldsymbol{q}}^{\mathrm{T}}\dot{\boldsymbol{p}} + (m_3\boldsymbol{g} + m_4\boldsymbol{g})\frac{\mathrm{d}d_3(t)}{\mathrm{d}t} \tag{5.32}$$

根据式（5.29）和式（5.32），可构建 SCARA 串联机器人哈密顿正则方程形

式化模型如下

定理 5.3 (SPECIAL_SCARA_ROBOT_HAMILTON_CANONICAL_ EQUATIONS) 特殊化 SCARA 串联机器人哈密顿正则方程形式化模型

```
⊢ !N J m r g ke' ke'' ue'
  x:real^(4,1)finite_sum -> real^3^N q:real^1 -> real^4
  t g1 a1 a2 d3 a4 L1 L2 L4 h1 h2 h3 h4.
  g = vector[&0;&0;--g1]:real^3 /\
  q = (\t:real^1. (vector[drop(a1 t);drop(a2 t);
      drop(d3 t);drop(a4 t)]:real^4)) /\
  (!t. r 1 (q t) =
  vector[cos(drop(a1 t)) * L1;sin(drop(a1 t)) * L1;--h1]:real^3 /\
  r 2 (q t) =
  vector[cos(drop(a1 t)) * L1 + cos(drop(a1 t) + drop(a2 t)) * L2;
  sin(drop(a1 t)) * L1 + sin(drop(a1 t) + drop(a2 t)) * L2;
    --h2]:real^3 /\
  r 3 (q t) =
  vector[cos(drop(a1 t)) * L1 + cos(drop(a1 t) + drop(a2 t)) * L2;
  sin(drop(a1 t)) * L1 + sin(drop(a1 t) + drop(a2 t)) * L2;
  h3 - drop(d3 t)]:real^3 /\
  r 4 (q t) =
  vector[cos(drop(a1 t)) * L1 + cos(drop(a1 t) +
  drop(a2 t)) * L2 + cos(drop(a1 t) +
  drop(a2 t) - drop(a4 t)) * L4;
  sin(drop(a1 t)) * L1 + sin(drop(a1 t) + drop(a2 t)) * L2 +
  sin(drop(a1 t) + drop(a2 t) - drop(a4 t)) * L4;
  --(drop(d3 t) + h4)]:real^3) /\
  (!t i. 1 <= i /\ i <= dimindex(:4) ==>
        continuously_differentiable_on 2 q (:real^1)) /\
  (!p:real^(4,1)finite_sum.
  ((potential_energy m r g) has_derivative (ue' p)) (at  p)) /\
  (!p:real^(4,4,1)three_finite_sum.
  ((kinetic_energy N J) has_derivative (ke' p)) (at p)) /\
  (!p j. 1 <= j /\ j <= dimindex(:4) ==>
  ((\ p. ke' p (basis (j + dimindex(:4)))) has_derivative
  ke'' (j + dimindex(:4)) p) (at p)) /\
  (!p j k. 1 <= j /\ j <= dimindex (:4) /\
  1 <= k /\ k <= dimindex(:4) ==>
  (\ p. ke'' (j + dimindex(:4)) p
  (basis (k + dimindex(:4)))) continuous at p) /\
```

```
(!p x y j. 1 <= j /\ j <= dimindex(:4) /\
 ke'' (j + dimindex(:4)) p x =
 ke'' (j + dimindex(:4)) p y ==> x = y) /\
(!p. ~(det ((λ i j. drop (ke'' (i + dimindex(:4)) p
 (basis (j + dimindex(:4))))):real^4^4) = &0)) /\
(!x dx u i j. 1 <= i /\ i <= dimindex(:4) /\
 1 <= j /\ j <= dimindex(:(4,1)finite_sum) ==>
 ke'' (i + dimindex(:4)) (three_pt x dx u)
 (three_pt (fstcart(basis j :real^(4,1)finite_sum)) (vec 0)
 (sndcart(basis j :real^(4,1)finite_sum))) = vec 0) /\
(!p e. &0 < e ==>
 three_pt ((lambda j.
 drop (ke' p (basis (j + dimindex(:4))))):real^4)
 (fstpt p) (trdpt p) IN interior
 (IMAGE (\p. three_pt ((λ j.
 drop (ke' p (basis (j + dimindex(:4))))):real^4)
 (fstpt p) (trdpt p)) (cball (p,e)))) /\
lagrange_equations (:real^1) (:real^(4,1)finite_sum)
(:real^(4,4,1)three_finite_sum) (kinetic_energy N J) ue
q (\t. mat 0 :real^3^N) x ==>
fstpt(jacobian (hamilton_function (kinetic_energy N J)
(potential_energy m r g)) (at (pqt (:real^1)
(:real^(4,4,1)three_finite_sum) (kinetic_energy N J)
(potential_energy m r g) q t) within
(:real^(4,4,1)three_finite_sum))$1) =
sndpt (qdqt (:real^1) q t) /\
sndpt(jacobian (hamilton_function (kinetic_energy N J)
(potential_energy m r g)) (at (pqt (:real^1)
(:real^(4,4,1)three_finite_sum) (kinetic_energy N J)
(potential_energy m r g) q t) within
(:real^(4,4,1)three_finite_sum))$1) =
-- vector_derivative (\t. inertia_matrix N J
   (fstpt (qdqt (:real^1) q t)) ** sndpt(qdqt (:real^1) q t))
(at t within (:real^1)) /\
trdpt(jacobian (hamilton_function (kinetic_energy N J)
(potential_energy m r g)) (at (pqt (:real^1)
 (:real^(4,4,1)three_finite_sum) (kinetic_energy N J)
 (potential_energy m r g) q t) within
 (:real^(4,4,1)three_finite_sum))$1) =
lift(inv(&2) * ((vector_derivative
```

```
(\t. sndpt(qdqt (:real^1) q t)) (at t within (:real^1))) dot
(fstpt(pqt (:real^1) (:real^(4,4,1)three_finite_sum)
(kinetic_energy N J) (potential_energy m r g) q t))) +
inv(&2) * ((vector_derivative
  (fst_threefpt (pqt (:real^1) (:real^(4,4,1)three_finite_sum)
  (kinetic_energy N J) (potential_energy m r g) q))
  (at t within (:real^1))) dot (sndpt(qdqt (:real^1) q t)))) +
(m$3 * g1 + m$4 * g1) % (vector_derivative d3 (at t))
```

5.3　机器人动力学形式化建模与验证过程

本节以定理 5.2 为例，用目标制导法，即从待证目标出发，假定结论正确，利用已知条件、定义、公理、定理等推导所需证明的子目标，若所有子目标得证，原始目标即得证。从而实现在 HOL-Light 系统中对 SCARA 串联机器人动力学形式化模型的验证。

HOL-Light 定理证明系统中定义了重写、关联交换、线性运算、重言式检查、归纳定义和自由递归等推理规则。在此基础上还建立了丰富的自动推理对策来降低定理证明过程的复杂性，可在用户引导下使用恰当的对策简化当前目标。

定理 5.2 证明关键步骤及策略如下。

步骤 1: 在交互式定理证明器中加载本书开发的定理证明库。

步骤 2: 将 SCARA 串联机器人动力学形式化模型加载到待证目标栈。

步骤 3: 对第 4 章中构建的哈密顿正则方程高阶逻辑形式化推导模型 (定理 4.8) 进行特殊化处理并用哈密顿函数微分性质 $\dfrac{\mathrm{d}H}{\mathrm{d}t} = \dfrac{\partial H}{\partial t}$ (定理 4.6) 化简目标，可推导出 13 个前提条件和 1 个目标。

步骤 4: 利用哈密顿正则方程的形式化模型（定义 4.9）重写目标定理，可将上述目标简化为式（5.33），此时目标栈内有两个子目标。

$$
\begin{cases}
\dot{\boldsymbol{p}} = \dfrac{\mathrm{d}(\boldsymbol{I}(\boldsymbol{q})\dot{\boldsymbol{q}})}{\mathrm{d}t} \\[3mm]
\dfrac{\mathrm{d}H}{\mathrm{d}t} = \dfrac{1}{2}\ddot{\boldsymbol{q}}^{\mathrm{T}}\boldsymbol{p} + \dfrac{1}{2}\dot{\boldsymbol{q}}^{\mathrm{T}}\dot{\boldsymbol{p}} + \sum_{i=1}^{4}\dot{\boldsymbol{q}}^{\mathrm{T}}\boldsymbol{J}_i^{\mathrm{T}}\begin{pmatrix} 0 \\ m_i\boldsymbol{g} \end{pmatrix}
\end{cases}
\tag{5.33}
$$

步骤 5: 利用广义动量（式（5.25））和系统动能的形式化定义（定义 5.2）可实现式（5.33）中第一个方程的高阶逻辑证明。简化后的目标如下

$$
\dfrac{\mathrm{d}H}{\mathrm{d}t} = \dfrac{1}{2}\ddot{\boldsymbol{q}}^{\mathrm{T}}\boldsymbol{p} + \dfrac{1}{2}\dot{\boldsymbol{q}}^{\mathrm{T}}\dot{\boldsymbol{p}} + \sum_{i=1}^{4}\dot{\boldsymbol{q}}^{\mathrm{T}}\boldsymbol{J}_i^{\mathrm{T}}\begin{pmatrix} 0 \\ m_i\boldsymbol{g} \end{pmatrix}
\tag{5.34}
$$

　　步骤 6: 利用 SCARA 串联机器人哈密顿函数形式化模型 (定理 5.1) 重写目标, 结合式 (5.26) ～ 式 (5.28) 的推导过程即可实现定理 5.1 高阶逻辑推导证明。

　　基于本书开发的辛几何、勒让德变换、哈密顿力学等相关理论定理证明库, 实现了 SCARA 串联机器人哈密顿正则方程形式化模型 (定理 5.2) 的高阶逻辑证明, 本例的证明策略脚本程序代码 400 余行, 如下所示。

　　证明脚本　　SCARA 串联机器人哈密顿正则方程形式化模型

```
let SCARA_ROBOT_HAMILTON_CANONICAL_EQUATIONS = prove
 (`!N:num -> real^Q -> real^Q^Q
  J:num -> real^Q -> real^Q^Q (m:real^Q)
  r:num -> real^Q -> real^3 g:real^3 ke' ke'' ue'
  x:real^(Q,1)finite_sum -> real^3^N q:real^1 -> real^Q t.
  (!t i. 1 <= i /\ i <= dimindex(:Q) ==>
   transp (N i (q t)) = N i (q t)) /\
   continuously_differentiable_on 2 q (:real^1) /\
  (!p:real^(Q,1)finite_sum.
   ((potential_energy m r g) has_derivative (ue' p)) (at p)) /\
  (!p:real^(Q,Q,1)three_finite_sum.
   ((kinetic_energy N J) has_derivative (ke' p)) (at p)) /\
  (!p j. 1 <= j /\ j <= dimindex(:Q) ==>
   ((\p. ke' p (basis (j + dimindex(:Q)))) has_derivative
   ke'' (j + dimindex(:Q)) p) (at p)) /\
  (!p j k. 1 <= j /\ j <= dimindex(:Q) /\
   1 <= k /\ k <= dimindex(:Q) ==>
   (\p. ke'' (j + dimindex(:Q)) p (basis (k + dimindex(:Q))))
   continuous at p) /\
  (!p x y j. 1 <= j /\ j <= dimindex(:Q) /\
   ke'' (j + dimindex(:Q)) p x =
   ke'' (j + dimindex(:Q)) p y ==> x = y) /\
  (!p. ~(det ((lambda i j. drop (ke'' (i + dimindex(:Q)) p
   (basis (j + dimindex(:Q))))):real^Q^Q) = &0)) /\
  (!x dx u i j. 1 <= i /\ i <= dimindex (:Q) /\ 1 <= j /\
   j <= dimindex(:(Q,1)finite_sum)
   ==> ke'' (i + dimindex(:Q)) (three_pt x dx u)
   (three_pt (fstcart(basis j:real(Q,1)^finite_sum)) (vec 0)
   (sndcart(basis j :real^(Q,1)finite_sum))) = vec 0) /\
  (!p e. &0 < e ==>
   three_pt ((lambda j.
   drop (ke' p (basis (j + dimindex(:Q))))):real^Q)
   (fstpt p) (trdpt p) IN interior
```

```
  (IMAGE (\p. three_pt ((lambda j.
  drop (ke' p (basis (j + dimindex(:Q))))):real^Q)
  (fstpt p) (trdpt p)) (cball (p,e)))) /\
lagrange_equations (:real^1) (:real^(Q,1)finite_sum)
(:real^(Q,Q,1)three_finite_sum) (kinetic_energy N J)
(potential_energy m r g) q (\t. mat 0 :real^3^N) x ==>
fstpt(jacobian (hamilton_function (kinetic_energy N J)
(potential_energy m r g)) (at (pqt (:real^1)
(:real^(Q,Q,1)three_finite_sum) (kinetic_energy N J)
(potential_energy m r g) q t) within
(:real^(Q,Q,1)three_finite_sum))$1)
= sndpt (qdqt (:real^1) q t) /\
sndpt(jacobian (hamilton_function (kinetic_energy N J)
 (potential_energy m r g)) (at (pqt (:real^1)
 (:real^(Q,Q,1)three_finite_sum) (kinetic_energy N J)
 (potential_energy m r g) q t) within
 (:real^(Q,Q,1)three_finite_sum))$1)
= -- vector_derivative
(\t. inertia_matrix N J (fstpt(qdqt (:real^1) q t)) **
 sndpt(qdqt (:real^1) q t)) (at t within (:real^1)) /\
trdpt(jacobian (hamilton_function (kinetic_energy N J)
 (potential_energy m r g)) (at (pqt (:real^1)
 (:real^(Q,Q,1)three_finite_sum) (kinetic_energy N J)
 (potential_energy m r g) q t) within
 (:real^(Q,Q,1)three_finite_sum))$1)
= lift(inv(&2) * ((vector_derivative
(\t. sndpt(qdqt (:real^1) q t)) (at t within (:real^1)))
dot (fstpt(pqt (:real^1) (:real^(Q,Q,1)three_finite_sum)
(kinetic_energy N J) (potential_energy m r g) q t))) +
inv(&2) * ((vector_derivative
 (fst_threefpt (pqt (:real^1)
 (:real^(Q,Q,1)three_finite_sum) (kinetic_energy N J)
 (potential_energy m r g) q)) (at t within
 (:real^1))) dot (sndpt(qdqt (:real^1) q t)))) +
vector_derivative (\t.
 potential_energy m r g (pastecart
 (fstpt(qdqt (:real^1) q t))
 (trdpt(qdqt (:real^1) q t)))) (at t)`,
INTRO_TAC "! *; symN qcdif uedif kedif ke'dif
ke''con ke''inj ke''nz keidp ke'convg lag" THEN
```

```
MP_TAC (ISPECL [`(kinetic_energy (N:num -> real^Q -> real^Q^Q)
  (J:num -> real^Q -> real^Q^Q))`;
  `ke':real^(Q,Q,1)three_finite_sum ->
  real^(Q,Q,1)three_finite_sum -> real^1`;
  `ke'':num -> real^(Q,Q,1)three_finite_sum ->
  real^(Q,Q,1)three_finite_sum -> real^1`;
  `(potential_energy (m:real^Q) r g)`;
  `ue':real^(Q,1)finite_sum -> real^(Q,1)finite_sum -> real^1`;
  `x:real^(Q,1)finite_sum -> real^3^N`;
  `q:real^1 -> real^Q`;`t:real^1`]
HAMILTON_VECTOR_DERIVATIVE_EQ_JACOBIAN) THEN
ANTS_TAC THENL
[ASM_REWRITE_TAC[];ALL_TAC] THEN
SIMP_TAC[WITHIN_UNIV] THEN
DISCH_THEN(SUBST1_TAC o SYM) THEN
MP_TAC(ISPECL [`(kinetic_energy
  (N:num -> real^Q -> real^Q^Q) (J:num -> real^Q -> real^Q^Q))`;
  `ke':real^(Q,Q,1)three_finite_sum ->
  real^(Q,Q,1)three_finite_sum -> real^1`;
  `ke'':num -> real^(Q,Q,1)three_finite_sum ->
  real^(Q,Q,1)three_finite_sum -> real^1`;
  `(potential_energy (m:real^Q) r \g)`;
  `ue':real^(Q,1)finite_sum -> real^(Q,1)finite_sum -> real^1`;
  `x:real^(Q,1)finite_sum -> real^3^N`;
  `q:real^1 -> real^Q`;`t:real^1`]
HAMILTON_CANONICAL_EQUATIONS) THEN
ANTS_TAC THENL [ASM_SIMP_TAC[] THEN ASM_MESON_TAC[];ALL_TAC] THEN
SIMP_TAC[hamilton_canonical_equations1;WITHIN_UNIV] THEN
STRIP_TAC THEN
REMOVE_THEN "qcdif" MP_TAC THEN
SIMP_TAC[continuously_differentiable_on;
higher_vector_differentiable_on;
IN_NUMSEG;FORALL_2;ARITH_RULE `2 - 1 = 1`;
SUB_REFL;HIGHER_VECTOR_DERIVATIVE_0;
HIGHER_VECTOR_DERIVATIVE_1;HIGHER_VECTOR_DERIVATIVE_2] THEN
SIMP_TAC[differentiable_on;RIGHT_IMP_EXISTS_THM;
differentiable;SKOLEM_THM] THEN
SIMP_TAC[GSYM CONJ_ASSOC;IN_UNIV;WITHIN_UNIV] THEN
INTRO_TAC "! *; (@q'. qdif) (@q''. q'dif) q''con" THEN
CLAIM_TAC "lafdif1"
```

```
`!p. ((lagrange_function (kinetic_energy N J)
  (potential_energy m r g))
  has_derivative ((\p. (\h. (ke':real^(Q,Q,1)three_finite_sum ->
  real^(Q,Q,1)three_finite_sum -> real^1) p h -
  (ue':real^(Q,1)finite_sum -> real^(Q,1)finite_sum -> real^1)
  (pastecart (fstpt p) (trdpt p))
  (pastecart (fstpt h) (trdpt h)))) p)) (at p)` THENL
[SIMP_TAC[lagrange_function] THEN
GEN_TAC THEN MATCH_MP_TAC HAS_DERIVATIVE_SUB THEN
ASM_REWRITE_TAC[ETA_AX] THEN SIMP_TAC[GSYM o_DEF] THEN
MATCH_MP_TAC DIFF_CHAIN_AT THEN ASM_REWRITE_TAC[ETA_AX] THEN
SIMP_TAC[HAS_DERIVATIVE_PASTECART_EQ;
HAS_DERIVATIVE_LINEAR;LINEAR_FSTPT;
LINEAR_TRDPT];ALL_TAC] THEN
CLAIM_TAC "ue'lin" `!p. linear ((ue':real^(Q,1)finite_sum ->
  real^(Q,1)finite_sum -> real^1) p)` THENL
[REMOVE_THEN "uedif" MP_TAC THEN
 SIMP_TAC[HAS_DERIVATIVE_AT];ALL_TAC] THEN
CLAIM_TAC "lafdif2" `!t p.
  (((lagrange_function (kinetic_energy N J)
  (potential_energy  m  r  g)) o (\h. (three_pt (q t) h t)))
  has_derivative ((\x. ((\p. (\h.
  (ke':real^(Q,Q,1)three_finite_sum ->
  real^(Q,Q,1)three_finite_sum -> real^1) p h -
  (ue':real^(Q,1)finite_sum -> real^(Q,1)finite_sum -> real^1)
  (pastecart (fstpt p) (trdpt p)) (pastecart (fstpt h) (trdpt h))))
  ((\h. (three_pt (q t) h t)) x)) o
  (\h. (three_pt (vec 0) h (vec 0)))) p)) (at p)` THENL
[REPEAT GEN_TAC THEN SIMP_TAC[] THEN
MATCH_MP_TAC DIFF_CHAIN_AT THEN
REMOVE_THEN "lafdif1" MP_TAC THEN SIMP_TAC[] THEN STRIP_TAC THEN
ONCE_REWRITE_TAC[GSYM WITHIN_UNIV] THEN
SIMP_TAC[HAS_DERIVATIVE_THREE_FPT] THEN
SIMP_TAC[fst_threefpt;snd_threefpt;trd_threefpt;
WITHIN_UNIV;o_DEF;FSTPT_THREE_PT;
TRDPT_THREE_PT;SNDPT_THREE_PT] THEN
SIMP_TAC[HAS_DERIVATIVE_ID;HAS_DERIVATIVE_CONST]
;ALL_TAC] THEN
CLAIM_TAC "lafdif2_feq1" `!t p.
  frechet_derivative ((lagrange_function (kinetic_energy N J)
```

```
      (potential_energy (m:real^Q) r g)) o
      (\h. (three_pt (q t) h t))) (at p) =
      ((\x. ((\p. (\h. (ke':real^(Q,Q,1)three_finite_sum ->
      real^(Q,Q,1)three_finite_sum -> real^1) p h))
      ((\h. (three_pt (q t) h t)) x)) o
      (\h. (three_pt (vec 0) h (vec 0)))) p)` THENL
[REPEAT GEN_TAC THEN
MATCH_MP_TAC (GSYM FRECHET_DERIVATIVE_AT) THEN
SUBGOAL_THEN `(\x. (\p h. ke' p h)
      ((\h. three_pt (q t') h t') x) o
      (\h. three_pt (vec 0) h (vec 0))) p =
      ((\x. ((\p. (\h. (ke':real^(Q,Q,1)three_finite_sum ->
      real^(Q,Q,1)three_finite_sum -> real^1) p h -
      (ue':real^(Q,1)finite_sum ->
      real^(Q,1)finite_sum -> real^1) (pastecart (fstpt p) (trdpt p))
      (pastecart (fstpt h) (trdpt h))))
      ((\h. (three_pt (q t') h t')) x))
      o (\h. (three_pt (vec 0) h (vec 0)))) p)` SUBST1_TAC THENL
[SIMP_TAC[FUN_EQ_THM;o_DEF;
FSTPT_THREE_PT;TRDPT_THREE_PT] THEN
GEN_TAC THEN SIMP_TAC[VECTOR_ARITH
`a = a - b <=> b = vec 0`;PASTECART_VEC] THEN
MP_TAC (ISPEC `(ue':real^(Q,1)finite_sum ->
      real^(Q,1)finite_sum -> real^1)
      (pastecart (q t') t')` LINEAR_0) THEN
ASM_REWRITE_TAC[];ALL_TAC] THEN
ASM_REWRITE_TAC[];ALL_TAC] THEN
CLAIM_TAC "kedif2" `!p.
      (((kinetic_energy (N:num -> real^Q -> real^Q^Q)
      (J:num -> real^Q -> real^Q^Q)) o
      (\h. (three_pt (fstpt p) h (trdpt p))))
      has_derivative (((ke':real^(Q,Q,1)three_finite_sum ->
      real^(Q,Q,1)three_finite_sum -> real^1)
      (three_pt (fstpt p) (sndpt p) (trdpt p))) o
      (\h. three_pt (vec 0) h (vec 0)))) (at (sndpt p))` THENL
[GEN_TAC THEN
MATCH_MP_TAC DIFF_CHAIN_AT THEN
REMOVE_THEN "kedif" MP_TAC THEN SIMP_TAC[] THEN STRIP_TAC THEN
ONCE_REWRITE_TAC[GSYM WITHIN_UNIV] THEN
SIMP_TAC[HAS_DERIVATIVE_THREE_FPT] THEN
```

```
SIMP_TAC[fst_threefpt;snd_threefpt;trd_threefpt;
WITHIN_UNIV;o_DEF;FSTPT_THREE_PT;
TRDPT_THREE_PT;SNDPT_THREE_PT] THEN
SIMP_TAC[HAS_DERIVATIVE_ID;HAS_DERIVATIVE_CONST]
;ALL_TAC] THEN
CLAIM_TAC "kedif2_feq1" `!p.
  frechet_derivative ((kinetic_energy
  (N:num -> real^Q -> real^Q^Q)
  (J:num -> real^Q -> real^Q^Q)) o
  (\h. (three_pt (fstpt p) h (trdpt p)))) (at (sndpt p)) =
  (((ke':real^(Q,Q,1)three_finite_sum ->
  real^(Q,Q,1)three_finite_sum -> real^1)
  (three_pt (fstpt p) (sndpt p) (trdpt p))) o
  (\h. three_pt (vec 0) h (vec 0)))` THENL
[GEN_TAC THEN MATCH_MP_TAC HAS_FRECHET_DERIVATIVE_UNIQUE_AT THEN
ASM_REWRITE_TAC[];ALL_TAC] THEN
CLAIM_TAC "kedif2_feq2" `!x:real^(Q,Q,1)three_finite_sum.
  frechet_derivative
  (\h. kinetic_energy (N:num -> real^Q -> real^Q^Q)
  (J:num -> real^Q -> real^Q^Q)
  (three_pt (fstpt x) h (trdpt x))) (at (sndpt x)) =
  (\d. inv(&2) % (lift((sndpt x) dot
  (inertia_matrix N J (fstpt x) ** d)) +
  lift(d dot (inertia_matrix N J (fstpt x) ** (sndpt x)))))` THENL
[GEN_TAC THEN MATCH_MP_TAC HAS_FRECHET_DERIVATIVE_UNIQUE_AT THEN
SIMP_TAC[kinetic_energy;LIFT_CMUL] THEN
MATCH_MP_TAC HAS_DERIVATIVE_CMUL THEN
SIMP_TAC[SNDPT_THREE_PT;FSTPT_THREE_PT] THEN
MATCH_MP_TAC HAS_DERIVATIVE_LIFT_DOT2_AT THEN
SIMP_TAC[HAS_DERIVATIVE_ID;HAS_DERIVATIVE_LMUL_AT]
;ALL_TAC] THEN
CLAIM_TAC "peq" `!t p.
  frechet_derivative ((lagrange_function (kinetic_energy  N  J)
  (potential_energy (m:real^Q) r g)) o
  (\h. (three_pt (q t) h t))) (at p) =
  (\d. inv(&2) % (lift(p dot (inertia_matrix N J (q t) ** d)) +
  lift(d dot (inertia_matrix N J (q t) ** p))))` THENL
[REMOVE_THEN "lafdif2_feq1" MP_TAC THEN
SIMP_TAC[] THEN STRIP_TAC THEN
X_GEN_TAC `t1:real^1` THEN X_GEN_TAC `dq1:real^Q` THEN
```

```
REMOVE_THEN "kedif2_feq1" (MP_TAC o
ONCE_REWRITE_RULE [EQ_SYM_EQ]    o
SPEC `three_pt ((q:real^1->real^Q) t1) (dq1:real^Q) t1`) THEN
REMOVE_THEN "kedif2_feq2" (MP_TAC o
SPEC `three_pt ((q:real^1->real^Q) t1) (dq1:real^Q) t1`) THEN
SIMP_TAC[FSTPT_THREE_PT;SNDPT_THREE_PT;
TRDPT_THREE_PT;o_DEF];ALL_TAC] THEN
CLAIM_TAC "peq2" `!x.
  sndpt (jacobian (lagrange_function (kinetic_energy
  (N:num -> real^Q -> real^Q^Q) J) (potential_energy m r g))
  (at (qdqt(:real^1) q x) within
  (:real^(Q,Q,1)three_finite_sum))$1)
  = inertia_matrix N J (fstpt (qdqt(:real^1) q x)) **
  sndpt (qdqt(:real^1) q x)` THENL
[MP_TAC (ISPECL [`(lagrange_function (kinetic_energy
  (N:num -> real^Q -> real^Q^Q) J) (potential_energy m r g))`;
  `(\p. (\h. (ke':real^(Q,Q,1)three_finite_sum ->
  real^(Q,Q,1)three_finite_sum -> real^1) p h -
  (ue':real^(Q,1)finite_sum -> real^(Q,1)finite_sum -> real^1)
  (pastecart (fstpt p) (trdpt p))
  (pastecart (fstpt h) (trdpt h))))`;`1`]
(JACOBIAN_THREEPT_ALT)) THEN
ASM_REWRITE_TAC[LE_REFL;DIMINDEX_GE_1] THEN
SIMP_TAC[WITHIN_UNIV] THEN STRIP_TAC THEN
REMOVE_THEN "peq" MP_TAC THEN
SIMP_TAC[jacobian;matrix;LAMBDA_BETA;LE_REFL;
DIMINDEX_1;o_DEF] THEN
SIMP_TAC[FSTPT_THREE_PT;SNDPT_THREE_PT;
TRDPT_THREE_PT;qdqt_def;
three_fpt;fun_map_3] THEN
REPEAT STRIP_TAC THEN
SIMP_TAC[LIFT_DROP;GSYM drop;GSYM LIFT_ADD;DROP_CMUL] THEN
SIMP_TAC[CART_EQ;LAMBDA_BETA;
MATRIX_VECTOR_MUL_COMPONENT;DOT_BASIS;
MATRIX_VECTOR_MUL_BASIS;column;
VECTOR_MUL_COMPONENT] THEN
REPEAT STRIP_TAC THEN
MATCH_MP_TAC
(REAL_ARITH `a = b ==> inv(&2) * (a + b) = b`) THEN
MATCH_MP_TAC (MESON [DOT_SYM]
```

```
`(a:real^Q) = c ==> b dot c = a dot b`) THEN
SIMP_TAC[CART_EQ;LAMBDA_BETA] THEN REPEAT STRIP_TAC THEN
MP_TAC(ISPECL [`N:num -> real^Q -> real^Q^Q`;
  `J:num -> real^Q -> real^Q^Q`;
  `(q:real^1 -> real^Q) x'`] TRANSP_INERTIA_MATRIX) THEN
ASM_SIMP_TAC[transp;CART_EQ;LAMBDA_BETA];ALL_TAC] THEN
CONJ_TAC THENL
[AP_TERM_TAC THEN AP_THM_TAC THEN AP_TERM_TAC THEN
SIMP_TAC[fst_threefpt;pqt;o_DEF;FSTPT_THREE_PT;FUN_EQ_THM] THEN
ASM_REWRITE_TAC[];ALL_TAC] THEN
CLAIM_TAC "ke'dift" `!p j.
  1 <= j /\ j <= dimindex (:Q) ==>
  ((((\p. (ke':real^(Q,Q,1)three_finite_sum ->
  real^(Q,Q,1)three_finite_sum -> real^1) p
  (basis (j + dimindex(:Q)))) o
  (\t. (three_pt (q t) (higher_vector_derivative 1 q
  (:real^1) t) t))) has_derivative
  (((ke'':num -> real^(Q,Q,1)three_finite_sum ->
  real^(Q,Q,1)three_finite_sum -> real^1) (j + dimindex(:Q)))
  ((\t.(three_pt (q t) (higher_vector_derivative 1 q
  (:real^1) t) t)) p)) o
  (\t. (three_pt ((q':real^1 -> real^1 -> real^Q) p t)
  ((q'':real^1 -> real^1 -> real^Q) p t) t)))) (at p)` THENL
[REPEAT STRIP_TAC THEN
MATCH_MP_TAC DIFF_CHAIN_AT THEN
REMOVE_THEN "ke'dif" (MP_TAC o SPECL
[`(three_pt (q p) (higher_vector_derivative 1
  q (:real^1) p) p):real^(Q,Q,1)three_finite_sum`;`j:num`]) THEN
ASM_REWRITE_TAC[] THEN SIMP_TAC[] THEN STRIP_TAC THEN
ONCE_REWRITE_TAC[GSYM WITHIN_UNIV] THEN
SIMP_TAC[HAS_DERIVATIVE_THREE_FPT;
fst_threefpt;snd_threefpt;trd_threefpt;
WITHIN_UNIV;o_DEF;FSTPT_THREE_PT;
SNDPT_THREE_PT;TRDPT_THREE_PT;
HIGHER_VECTOR_DERIVATIVE_1] THEN
REMOVE_THEN "qdif" MP_TAC THEN REMOVE_THEN "q'dif" MP_TAC THEN
SIMP_TAC[HAS_DERIVATIVE_ID;ETA_AX];ALL_TAC] THEN
CLAIM_TAC "ke'dift1" `!p.
  ((((\p. (lambda j. drop((ke':real^(Q,Q,1)three_finite_sum ->
  real^(Q,Q,1)three_finite_sum -> real^1) p
```

```
(basis (j + dimindex(:Q))))):real^Q) o
(\t. (three_pt (q t) (higher_vector_derivative 1
q (:real^1) t) t))) has_derivative
((\h. (lambda j.
drop((ke'':num -> real^(Q,Q,1)three_finite_sum ->
real^(Q,Q,1)three_finite_sum -> real^1) (j + dimindex(:Q))
((\t. (three_pt (q t) (higher_vector_derivative 1
q (:real^1) t) t)) p) h)):real^Q) o
(\t. (three_pt ((q':real^1 -> real^1 -> real^Q) p t)
((q'':real^1 -> real^1 -> real^Q) p t) t)))) (at p)` THENL
[REPEAT STRIP_TAC THEN
MATCH_MP_TAC DIFF_CHAIN_AT THEN
CONJ_TAC THENL
[ONCE_REWRITE_TAC[GSYM WITHIN_UNIV] THEN
SIMP_TAC[HAS_DERIVATIVE_THREE_FPT;
fst_threefpt;snd_threefpt;trd_threefpt;
WITHIN_UNIV;o_DEF;FSTPT_THREE_PT;
SNDPT_THREE_PT;TRDPT_THREE_PT;
HIGHER_VECTOR_DERIVATIVE_1] THEN
REMOVE_THEN "qdif" MP_TAC THEN REMOVE_THEN "q'dif" MP_TAC THEN
SIMP_TAC[HAS_DERIVATIVE_ID;ETA_AX];ALL_TAC] THEN
ONCE_REWRITE_TAC[HAS_DERIVATIVE_COMPONENTWISE_AT] THEN
SIMP_TAC[LIFT_DROP;LAMBDA_BETA] THEN REPEAT STRIP_TAC THEN
REMOVE_THEN "ke'dif" (MP_TAC o
SPECL [`(three_pt (q p) (higher_vector_derivative 1
q (:real^1) p) p):real^(Q,Q,1)three_finite_sum`;`i:num`]) THEN
ASM_REWRITE_TAC[] THEN SIMP_TAC[ETA_AX];ALL_TAC] THEN
SUBGOAL_THEN `(\t. hamilton_function
(kinetic_energy N J) (potential_energy m r g)
(pqt (:real^1) (:real^(Q,Q,1)three_finite_sum)
(kinetic_energy N J)
(potential_energy m r g) q t)) =
(\t. kinetic_energy N J (qdqt (:real^1) q t) +
potential_energy m r g
(pastecart (fstpt (qdqt (:real^1) q t))
(trdpt (qdqt (:real^1) q t))))` SUBST1_TAC THENL
[MP_TAC(ISPECL [`N:num -> real^Q -> real^Q^Q`;
`J:num -> real^Q -> real^Q^Q`;
`m:real^Q`;`r:num -> real^Q -> real^3`;`g:real^3`;
`(ke':real^(Q,Q,1)three_finite_sum ->
```

```
    real^(Q,Q,1)three_finite_sum -> real^1)`;
    `ke'':num -> real^(Q,Q,1)three_finite_sum ->
    real^(Q,Q,1)three_finite_sum -> real^1`;
    `(ue':real^(Q,1)finite_sum -> real^(Q,1)finite_sum -> real^1)`;
    `q:real^1 -> real^Q`] HAMILTON_FUNCTION) THEN
ASM_REWRITE_TAC[] THEN SIMP_TAC[FUN_EQ_THM];ALL_TAC] THEN
MATCH_MP_TAC VECTOR_DERIVATIVE_AT THEN
MATCH_MP_TAC HAS_VECTOR_DERIVATIVE_ADD THEN
SIMP_TAC[GSYM VECTOR_DERIVATIVE_WORKS] THEN
CONJ_TAC THENL
[SIMP_TAC[fst_threefpt;pqt;o_DEF;FSTPT_THREE_PT] THEN
REMOVE_THEN "peq2" MP_TAC THEN
SIMP_TAC[] THEN STRIP_TAC THEN
SIMP_TAC[kinetic_energy;GSYM REAL_ADD_LDISTRIB;LIFT_CMUL] THEN
MATCH_MP_TAC HAS_VECTOR_DERIVATIVE_CMUL THEN
ONCE_REWRITE_TAC[MESON [DOT_SYM;REAL_ADD_SYM]
`(a':real^Q) dot b + (b':real^Q) dot a =
   a dot b' + a' dot b`] THEN
SIMP_TAC[LIFT_ADD] THEN
MATCH_MP_TAC HAS_VECTOR_DERIVATIVE_LIFT_DOT2_AT THEN
SIMP_TAC[GSYM VECTOR_DERIVATIVE_WORKS;differentiable] THEN
CONJ_TAC THENL
[EXISTS_TAC `(q'':real^1 -> real^1 -> real^Q) t` THEN
REMOVE_THEN "q'dif" MP_TAC THEN
SIMP_TAC[FSTPT_THREE_PT;SNDPT_THREE_PT;qdqt_def;
three_fpt;fun_map_3] THEN
SIMP_TAC[HIGHER_VECTOR_DERIVATIVE_1;WITHIN_UNIV];ALL_TAC] THEN
POP_ASSUM MP_TAC THEN
ONCE_REWRITE_TAC[EQ_SYM_EQ] THEN SIMP_TAC[] THEN STRIP_TAC THEN
MP_TAC (ISPECL [
   `(lagrange_function (kinetic_energy
   (N:num -> real^Q -> real^Q^Q) J) (potential_energy m r g))`;
   `(\p. (\h. (ke':real^(Q,Q,1)three_finite_sum ->
   real^(Q,Q,1)three_finite_sum -> real^1) p h -
   (ue':real^(Q,1)finite_sum -> real^(Q,1)finite_sum -> real^1)
   (pastecart (fstpt p) (trdpt p))
   (pastecart (fstpt h) (trdpt h))))`;`1`]
(JACOBIAN_THREEPT_ALT)) THEN
ASM_REWRITE_TAC[LE_REFL;DIMINDEX_GE_1] THEN
SIMP_TAC[WITHIN_UNIV] THEN STRIP_TAC THEN
```

```
SIMP_TAC[FSTPT_THREE_PT;SNDPT_THREE_PT;TRDPT_THREE_PT;
qdqt_def;three_fpt;fun_map_3] THEN
REMOVE_THEN "lafdif2_feq1" MP_TAC THEN
SIMP_TAC[jacobian;matrix;LAMBDA_BETA;DIMINDEX_1;
LE_REFL;o_DEF] THEN
STRIP_TAC THEN
SUBGOAL_THEN `!j.
  1 <= j /\ j <= dimindex(:Q) ==>
  three_pt (vec 0 :real^Q) (basis j :real^Q) (vec 0 :real^1) =
  basis (j + dimindex(:Q))` ASSUME_TAC THENL
[SIMP_TAC[CART_EQ;LAMBDA_BETA;
DIMINDEX_THREE_FINITE_SUM;VEC_COMPONENT;
three_pt;fstsnd_trdpt;pastecart;
BASIS_COMPONENT;BASIS_COMPONENT;
ARITH_RULE `~(j <= Q) /\ j <= Q + Q ==>
  1 <= j - Q /\ j - Q <= Q`;
DIMINDEX_FINITE_SUM;DIMINDEX_1] THEN
ARITH_TAC;ALL_TAC] THEN
SIMP_TAC[GSYM drop] THEN
SUBGOAL_THEN `(\t. (lambda j. drop
  ((ke':real^(Q,Q,1)three_finite_sum ->
  real^(Q,Q,1)three_finite_sum -> real^1)
  (three_pt (q t) (higher_vector_derivative 1 q (:real^1) t) t)
  (three_pt (vec 0) (basis j) (vec 0)))):real^Q) =
  (\x. (lambda j. drop
  ((ke':real^(Q,Q,1)three_finite_sum ->
  real^(Q,Q,1)three_finite_sum -> real^1)
  (three_pt (q x)
  (higher_vector_derivative 1 q (:real^1) x) x)
  (basis (j + dimindex(:Q))))):real^Q)` SUBST1_TAC THENL
[SIMP_TAC[FUN_EQ_THM;CART_EQ;LAMBDA_BETA] THEN
REPEAT STRIP_TAC THEN FIRST_X_ASSUM(MP_TAC o SPEC `i:num`) THEN
ASM_REWRITE_TAC[] THEN SIMP_TAC[];ALL_TAC] THEN
EXISTS_TAC `(\p. ((\h. (lambda j.
  drop((ke'':num -> real^(Q,Q,1)three_finite_sum ->
  real^(Q,Q,1)three_finite_sum -> real^1) (j + dimindex(:Q))
  ((\t. (three_pt (q t) (higher_vector_derivative 1
  q (:real^1) t) t)) p) h)):real^Q) o
  (\t. (three_pt ((q':real^1 -> real^1 -> real^Q) p t)
  ((q'':real^1 -> real^1 -> real^Q) p t) t)))) t` THEN
```

```
REMOVE_THEN "ke'dift1" MP_TAC THEN
SIMP_TAC[o_DEF];ALL_TAC] THEN
ONCE_REWRITE_TAC[GSYM o_DEF] THEN
MATCH_MP_TAC DIFFERENTIABLE_CHAIN_AT THEN
SIMP_TAC[differentiable] THEN
SIMP_TAC[FSTPT_THREE_PT;TRDPT_THREE_PT;
qdqt_def;three_fpt;fun_map_3] THEN
CONJ_TAC THENL [EXISTS_TAC
`(\x. pastecart ((q':real^1 -> real^1 -> real^Q) t x) x)` THEN
REMOVE_THEN "qdif" MP_TAC THEN
SIMP_TAC[HAS_DERIVATIVE_PASTECART_EQ;HAS_DERIVATIVE_ID;
ETA_AX];ALL_TAC] THEN EXISTS_TAC
`(ue':real^(Q,1)finite_sum -> real^(Q,1)finite_sum -> real^1)
(pastecart ((q:real^1 -> real^Q) t) t)` THEN
REMOVE_THEN "uedif" MP_TAC THEN SIMP_TAC[]);;
```

5.4 本 章 小 结

形式化模型的建立是保障机器人动力学设计与验证分析的关键。本章基于高阶逻辑形式化方法实现了 SCARA 串联机器人哈密顿函数的形式化建模，结合拉格朗日力学定理证明库，构建了该型机器人哈密顿正则方程形式化模型以及机器人动力学形式化模型，并在 HOL-Light 交互式定理证明器中对该模型的形式化推导过程进行了实例演示。实验证明了本书构建的高阶逻辑形式化哈密顿理论体系的可证明性。

参 考 文 献

[1] 王海峰, 尹彬, 罗锐捷, 等. 四自由度 SCARA 机器人系统机构设计及运动学分析. 机电工程, 2019, 36(12): 1320-1324.

[2] Xin S Z, Feng L Y, Bing H L, et al. A simple method for inverse kinematic analysis of the general 6R serial robot. Journal of Mechanical Design, 2007, 129(8): 793-798.

[3] 赵春, 王延杰, 张霖, 等. 高速轻型 SCARA 机器人的机械结构及控制系统研究进展. 机电工程技术, 2019, 48(06): 5-11.

[4] 崔敏其. SCARA 机器人的拉格朗日动力学建模. 机械设计与制造, 2013, (12): 76-78.

[5] 于靖军, 刘辛军, 丁希仑, 等. 机器人的数学基础. 北京: 机械工业出版社, 2009.

[6] Sun Z J, Zhao J, Li L M. Application of task-oriented method of serial robot for mechanism analysis and evaluation. Journal of Harbin Institute of Technology (New Series), 2014, 21(2): 13-20.

[7]　王科. 基于旋量和李群李代数的 SCARA 工业机器人研究. 杭州：浙江大学, 2010.

[8]　Murray R M, Sastry S S, Li Z. A Mathematical Introduction to Robotic Manipulation. Boca Raton: CRC Press, 1994.

[9]　贾振中. 机器人建模与控制. 北京：机械工业出版社, 2019.

[10]　Harrison J. HOL Light Tutorial. https://www.cl.cam.ac.uk/jrh13/hol-light/tutorial. pdf, 2017.

第 6 章　总结与展望

6.1　主要工作和创新点

传统的动力学分析方法主要基于数值计算和仿真分析，不能完全满足安全攸关动力系统对高安全性的要求，因而基于定理证明的形式化方法逐渐发展成为可靠性验证的重要新技术手段。本书主要工作是研究基于哈密顿动力学系统的形式化分析与验证方法，构建哈密顿力学相关理论形式化定理证明库，为基于哈密顿动力学理论形式化建模分析与安全验证动力学系统提供必要支撑。此外，还以SCARA 四自由度串联机器人为例，探索了基于哈密顿动力学系统的形式化分析与验证方法的工程应用。

具体研究内容包括以下四个方面。

（1）构建了辛几何相关理论的高阶逻辑定理证明库。哈密顿量是构建在辛流形上的辛向量场，本书建立了包括辛向量空间、辛矩阵、辛正则变换和辛群的形式化建模及其基本性质的高阶逻辑证明，为哈密顿力学系统形式化描述提供必要的理论基础。

（2）设计实现了完整的勒让德变换高阶逻辑定理证明库。勒让德变换能够把一组独立变量的函数转换为其共轭变量的另一种函数，是广泛应用于数学和物理学中的共轭变换。本书构建了勒让德变换的形式化模型，推导证明了勒让德变换的属性，从而实现了从拉格朗日函数到哈密顿函数形式化模型的高阶逻辑推导，为哈密顿力学系统形式化验证提供支撑。

（3）完成了哈密顿动力学理论的高阶逻辑形式化建模。通过勒让德变换完成了拉格朗日函数到哈密顿函数形式化模型的变换，完成分析力学哈密顿正则方程的形式化建模与验证，同时对泊松括号和泊松定理进行了形式化建模与证明，构建完成了的哈密顿动力学理论的高阶逻辑定理库，使哈密顿动力学形式化走向工程实践成为可能。

（4）以 SCARA 串联机器人的哈密顿动力学方程形式化建模与验证为例，将基于哈密顿动力学理论形式化建模分析与安全验证方法引入到工程实践，对哈密顿相关理论形式化定理库的工程应用进行了探索。实现了对机器人关节动能、势能的形式化描述，从而对 SCARA 串联机器人哈密顿函数及哈密顿正则方程的形式化模型进行构建与验证。

本书的主要创新点包括以下四个方面。

（1）辛几何是哈密顿理论的数学基础，基于定理证明器 HOL-Light 中欧氏多维向量空间定理库，首次设计开发了辛几何相关理论的高阶逻辑定理证明库并给出了相应的证明策略，解决了辛几何理论在定理证明器中的形式化建模与表达问题，为更广泛的辛数学方法的定理证明奠定了重要的形式化理论基础。

（2）首次在 HOL-Light 系统中构建了包括一元函数勒让德变换、多元函数完整勒让德变换和多元函数部分勒让德变换的高阶逻辑定理证明库。其中，在多元函数部分勒让德变换固有属性的形式化建模过程中，针对从拉格朗日函数到哈密顿函数变换时只将广义速度变换为广义动量，广义坐标保持不变的特殊性，建立了基本变换模型，方便了形式化验证的工程应用。

（3）首次实现了基于勒让德变换理论的哈密顿函数和哈密顿正则方程的形式化建模与高阶逻辑推导证明，其中，哈密顿正则方程的形式化推导是个难题，本书采用了目标制导法分析待证目标，通过推导找出了所需的隐含条件并最终完成了证明工作。在此基础上，基于 HOL-Light 定理证明器完成了哈密顿动力学相关理论定理证明库的构建。

（4）首次采用了哈密顿动力学分析与定理证明相结合的形式化建模方法，建立了 SCARA 串联机器人动力学形式化模型，并对其进行了高阶逻辑推导与验证，完成了哈密顿相关理论定理证明库走向工程应用的初步探索。

6.2 下一步工作与展望

哈密顿相关理论研究以"正则变量"描述系统的运动规律，该理论体系能够发展出多种变换理论和积分方法，哈密顿力学不仅适用于经典力学，还可广泛应用于统计力学、热力学、量子力学等其他物理学重要理论领域，架起了从经典力学到近代物理学的桥梁。本书构建的哈密顿相关理论定理证明库，主要集中在哈密顿经典力学相关理论上，但对于一个完整的哈密顿理论体系形式化定理证明库的构建，还需做很多工作。

展望未来，主要有以下四个方面研究工作需要开展。

（1）"相空间体积不变"是所有无源矢量场共同的特点，而由哈密顿方程组构成的哈密顿矢量场是它的一个特例，基于辛几何定理证明库，可用于形式化证明统计力学的刘维尔定理。

（2）勒让德变换定理库在物理学上应用广泛，不仅可实现拉格朗日力学和哈密顿力学之间转换的形式化验证，还可用于热力学系统中温度、熵、压强、体积之间的变换，从而实现内能、亥姆霍兹自由能、焓、吉布斯自由能之间转换的定理证明。因此，热力学相关理论的形式化证明也是未来研究方向之一。

（3）泊松括号及其性质，不仅应用在分析力学上，在量子力学中也非常重要。只要在基本泊松括号等号的右边乘上一个 $i\hbar$ 就可以得到量子泊松括号。在现有泊松括号及其性质的定理证明库基础上形式化量子泊松括号理论，将其推广到量子物理学中的微观粒子问题上，可用于化简量子力学中薛定谔方程的形式化推导。

（4）哈密顿量是描述系统总能量的算符，哈密顿量在量子理论中有十分重要的地位。因此，基于现有的哈密顿力学相关理论定理库形式化建模量子理论哈密顿系统将会是未来最重要的研究方向。